Qui a vu le zèbre ?

Thibault De Meyer

Qui a vu le zèbre ?

L'invention de la perspective animale

Préface de Vinciane Despret

Éditions Les Liens qui Libèrent

OUVRAGE ÉDITÉ AVEC LE CONCOURS DU
CENTRE NATIONAL DU LIVRE

ISBN : 979-10-209-2410-0

À mon père,
en souvenir d'un voyage à Florence

Vous me direz : qu'est-ce qu'il y a de plus banal que l'expression « un point de vue » ?

Gilles Deleuze, « Sur Leibniz »

Elle s'affaire dans les moindres fissures et elle ouvre les plus larges vues.

William James, *Le Pragmatisme*

PRÉFACE

par Vinciane Despret

Ceux que vous allez rencontrer dans ce livre vont d'abord vous apprendre quantité de choses. Vous commencerez par découvrir des zèbres, en portraits énigmatiquement semblables et différents, sur une illustration d'article scientifique et, de là, vous serez emmené place San Giovanni, à Florence, à un moment très particulier de notre histoire, celui de la naissance (ou de l'une des naissances) de la perspective. Vous voilà aussitôt embarqué dans une intrigue qui vous mènera à croiser le regard de lions, d'hyènes, de chats, de mouches, de chiens, de télescopes, de zèbres à nouveau, et de bien d'autres êtres encore – ou plus précisément, vous serez conduits à apprendre à les regarder dans les yeux, littéralement. Et à apprendre ce que cela demande d'essayer de voir à travers d'autres yeux.

Vous allez donc, au cours de cette aventure, suivre des biologistes, des architectes, des psychologues comportementaux, des peintres, des ophtalmologues, des historiens de l'art, des artistes et des collectionneurs de mondes ; bref, une foule de praticiens passionnés. Et tout cela parce que vous allez être invité dans un monde extraordinairement peuplé d'êtres concrets, vivants ou bien activés, passionnants – c'est assez rare, soit dit en passant, en philosophie. Mais surtout, ce que vous allez apprendre, et qui pourrait sérieusement affecter les manières dont nous pensons, voyons, sentons, traduisons, c'est un geste. Le geste de Thibault De Meyer. Un geste précieux, un geste qui donne de la confiance et de la joie.

Comment nommer ce geste ? Il est important de bien nommer, de prendre cette responsabilité en sachant, comme le rappelait Isabelle Stengers, que nommer « n'est pas dire le vrai, mais conférer à ce qui est nommé le pouvoir de nous faire sentir et penser sur le mode qu'appelle le nom* ». Comment nommer ce geste de telle sorte à rendre son efficace saillant, voire à mettre en appétit pour cet efficace que fera sentir ce nom ?

Je vais reprendre un terme par lequel Thibault désigne, au cours de son enquête, une forme de perspective particulière, celui de « laudatif ». Disons du geste de Thibault qu'il est d'abord un geste laudatif : la perspective laudative, selon lui, s'inscrit dans des projets *célébrant* la diversité des points de vue. Il me faut ajouter, toujours à sa suite, que cette perspective laudative qui multiplie, honore et encourage la prolifération de points de vue différents se manifeste le plus fréquemment dans ces dispositifs bien concrets d'éducation que sont les livres pour enfants.

*. Isabelle Stengers, *Au temps des catastrophes,* p. 35.

C'est dire, il est important de le préciser, qu'il s'agit de projets qui ambitionnent de faire grandir, ou plus précisément encore dans le cas de ces livres qui multiplient les perspectives, et on en revient alors à une étymologie bien connue, de projets qui visent non seulement à nourrir et à élever mais à « faire sortir », à « conduire ailleurs » – comme y insiste le fréquentatif *educere**.

Et c'est bien ce que le geste de Thibault opère : ce qu'il célèbre vous fera sortir, vous conduira ailleurs. Mais sortir de quoi ? Et pour aller où ? C'est là la magie de ce qu'il s'agit de célébrer : Thibault nous entraîne à la suite des scientifiques et des animaux qu'ils étudient dans un nouveau terrain de jeu (car il y a beaucoup de plaisir ludique dans ces histoires), ce qui nous conduit à sortir de la bulle de notre monde, cette bulle qui nous fait résumer le monde à ce que les yeux des humains perçoivent, pour commencer à voir l'immense diversité des mondes qui peuplent et composent la maison commune qu'est la Terre. Voilà qu'en répondant à la première question, nous indiquons où nous allons : c'est tout simple, nous retournons sur Terre**.

Mais définir le geste de Thibault de cette manière ne suffit pas. Ce que je viens de décrire n'est que le matériau dont il nous propose de nous nourrir, le carton

*. Le fréquentatif est la forme verbale qui permet d'insister sur la répétition de l'action. Par ailleurs, si on se réfère au dictionnaire de l'Académie française, on insistera aussi sur le fait que le terme « éduquer » renvoie à la fois au sens de développer une faculté, une qualité, *un sens* et, d'autre part, à celui d'enseigner des usages, des manières.

**. Voir à ce sujet, et qui inspire cette formulation, le travail passionnant de Bruno Latour notamment dans son *Où atterrir ?*.

d'invitation au banquet, avec la liste des convives et de leurs usages – sans oublier les itinéraires pour y arriver. Il y a autre chose que le geste de Thibault honore, et qui est un peu plus compliqué. La métaphore des itinéraires qui doivent nous conduire à ce banquet de la diversité des manières de voir (et de sentir, et d'entendre, de goûter, de toucher et de se rapporter au monde, en somme de l'habiter) peut peut-être nous aider. Ces itinéraires, qui sont dans ce cadre les chemins qu'empruntent les scientifiques pour essayer de s'approcher au plus près de ce que perçoivent les zèbres et les mouches, les lions et les chats, les chiens et les poulpes, sont bien différents. Certains s'avèrent féconds, inventifs, imaginatifs, aventureux, bien pensés… et d'autres moins.

Or, Thibault ne se met jamais dans la position du juge. Car quel que soit le chemin emprunté, le dispositif imaginé, l'expérience tentée par tel ou telle scientifique, Thibault, qui les reprend avec une minutie et une attention de pisteur, va y déceler des promesses – quitte à ce que d'autres soient en charge de les tenir. En d'autres termes, Thibault cherche inlassablement à activer des puissances. Un geste très deleuzien, lui-même inspiré de Nietzsche, lorsque celui-ci assigne au philosophe la tâche de diagnostiquer les devenirs dans chaque présent qui passe. Un diagnostic, précisent Deleuze et Guattari lorsqu'ils reprennent le problème, ne se résume pas à un inventaire ou un commentaire, mais confère à ce qu'il explore le pouvoir de rendre perceptible, d'intensifier, de soutenir, de mettre en appétit des possibles. On est dans l'ordre de la célébration.

Tout cela nous est donné par le procédé le plus simple, et le plus exigeant : raconter, et raconter, je reprends ici les mots de Thibault, « en s'intéressant au processus plutôt qu'au résultat ». En d'autres termes, il s'agit de se *donner* les moyens de célébrer, ce qui exige dans ce cas de chercher ces moyens, en faisant le pari que ces moyens sont enfouis dans les processus. C'est là la manière dont Thibault s'efforce de penser les choses, « par le milieu », ni par le début, ni par la fin, reprenant à Deleuze : « On ne commence jamais, on ne fait jamais table rase, on se glisse entre, on entre au milieu, on épouse ou on impose des rythmes*. » On s'aligne au rythme des savoirs en train de se faire, on observe leurs vitesses et leurs lenteurs, non pour les juger, mais pour mieux rendre compte de leur singularité.

On trouvera à l'orée du chapitre 4 de ce livre ces quelques mots : « Il arrive que des projets qui ont commencé suivant un certain pli en prennent d'autres par après. » Ce diagnostic proposé par Thibault parle de plis, c'est-à-dire de mouvements et de devenirs, et tout cela sur une même trame, dans une même histoire de relais et de reprises dont il s'agit de faire le récit. Un pli, dans un tissu ou une feuille de papier, c'est d'abord ce qui en change le relief et la forme. On est bien dans une question de perspective, à ceci près que c'est l'objet lui-même, tissu ou papier, qui infléchit le fait qu'on le voit différemment. Et c'est bien ce que Thibault honore : la puissance des êtres à « donner à voir » et à donner à voir différemment selon

*. Gilles Deleuze, *Spinoza*, p. 166.

que celui auquel on s'adresse soit mouche, vache, poulpe ou humain. C'est ce que Thibault, on le verra, appelle « perspectivisme éthologique » ou encore, plus précisément, le « perspectivisme des interdépendances » – c'est ce perspectivisme qui permet de rendre compte, par exemple, du fait qu'au cours de la longue histoire de leur coévolution les orchidées ont pu aligner leur apparence sur la perception que les abeilles mâles qui les pollinisent ont des abeilles femelles.

Il me faut dès lors arraisonner également ce terme pour qualifier son geste : laudatif *et* éthologique. En effet, avec cette précision, on est loin du perspectivisme faible, ce constructivisme paresseux où tout est laissé à la subjectivité et où le réel, et donc tous les autres vivants, ne sont si bien muets que parce qu'on les a fait taire, où le réel, et tous les autres vivants, sont voués à n'être que les supports passifs de nos représentations.

Mais ce n'est pas tout. Un pli fait bien d'autres choses. Un pli dans un tissu connecte autrement les trames et les dessins, il met bord à bord des parties de ce tissu qui étaient éloignées. Il peut modifier le motif, créer des distances et des proximités. Il peut, en d'autres termes, mettre en rapport des éléments qui étaient disjoints, générer des zones de contact imprévisibles. Et c'est bien, à un niveau élémentaire, ce à quoi on assiste. L'enquête de Thibault se joue dans ces zones de contact où se rencontrent des praticiens de domaines bien séparés : des architectes avec des éthologues, des auteurs de littérature enfantine avec des biologistes, des historiens de l'art et des zoologistes, sans compter des expérimentateurs, des ophtalmologues, des ancêtres de la philosophie et des épistémologues féministes.

Il ne s'agit pas, ou pas seulement, d'un geste qui brouille les frontières (bien qu'il puisse en produire les effets et nous offrir un salutaire décloisonnement), mais d'un geste qui peuple la scène, qui épaissit la narration, parce qu'avec chacun et chacune de ces protagonistes invité·es, d'autres êtres sont accueillis : des chats de laboratoire, des chiens sur la piste des senteurs, des sites architecturaux à représenter, des yeux à voir et pour voir, des lions en quête d'antilopes, des vaches qui discriminent des formes, des araignées aux robes à fleurs et les abeilles qu'elles piègent, des singes capucins qui voient les couleurs, des êtres géométriques, des enfants qui apprennent à lire – et parmi ceux-ci, Diego, le fils de l'auteur, dont on ne sait qui, du père ou de l'enfant, est l'apprenti philosophe de l'autre.

Mais ce n'est pas encore tout, car ce qui intéresse Thibault c'est d'étudier avec soin et passion, avec minutie et une immense curiosité, comment se font les plis qui mettent en rapport. Ainsi, sans trop vouloir dévoiler (mais il y a tant dans ce livre que je peux faire cette petite incursion), eu égard à ces motifs floraux sur le corps des araignées, motifs qui piègent les abeilles et que nous, humains, ne voyons pas à l'œil nu, quantité de questions se posent : comment les scientifiques qui se sont passionnés pour cette énigme ont-ils réussi à élucider ce rapport que les araignées ont créé avec les abeilles ? Qu'est-ce que cela demande comme dispositif pour voir ce que l'araignée donne à voir à l'abeille ? Qu'est-ce que cela convoque comme imagination ? Quels plis technologiques ont-ils dû inventer – notamment transformer les UV en pseudo-couleurs – pour donner à voir et à comprendre ce rapport ?

C'est ici que l'on retrouve cette autre caractéristique de l'enquête qui nous est donnée à suivre, ce que j'évoquais succinctement en parlant de « se donner les moyens » ; sa passion pour les plis et les processus qui les font et les défont, pour les constructions ingénieuses, pour les mises en rapport que créent les dispositifs et qui nous font découvrir plus, cette passion le conduit à poser, pour chaque situation : comment ont-ils fait ? Qu'est-ce ce qui leur en a donné l'idée ? Comment se sont-ils laissé intriguer ? Et qu'est-ce que cela change de choisir tel ou tel dispositif ? À quoi cela demandait-il de prêter attention qu'on ne voyait pas, ou n'imaginait pas auparavant ?

Cette passion pour ces plis qui mettent en rapport, Thibault en fait le geste même de sa propre pratique. J'arrive de ce fait à ce qui me semble caractériser au plus juste ce geste qui est le sien, ce geste original et radical, ce geste laudatif et éthologique. Thibault aime profondément les sciences. Il hérite à cet égard de cette conception des sciences qu'Isabelle Stengers et Bruno Latour nous ont appris à reconnaître et à souhaiter voir cultiver chez les praticiens, celle de pratiques aventureuses, passionnantes et risquées au cours desquelles chaque chercheur doit apprendre à être à la hauteur du problème qui le convoque. Et pour ceux que les hasards de la vie ou de l'éducation nationale ont fait manquer cette rencontre avec les sciences, je suis convaincue que cette lecture pourrait changer pas mal de choses.

Évidemment, on pourrait ici me demander : *quid* des scientifiques qui ne sont pas à la hauteur ? C'est bien joli le laudatif, mais n'y a-t-il pas des limites ? Que faire de ces scientifiques qui ne nous apprennent rien ? De ceux qui abaissent au lieu d'élever ? Il y en a bien, certes. Mais pourquoi perdre son temps à justement tomber dans leur piège, c'est-à-dire à ne rien apprendre ? Avant de décider de passer son chemin, de décider « ici, il n'y a rien à voir », Thibault va s'obstiner. Hormis quelques rares cas, chaque scientifique qui aborde une question hérite d'une énigme, d'un problème, que ses prédécesseurs ont tenté de résoudre. Et s'il le prend en charge, c'est parce qu'il a le sentiment qu'il y a plus à découvrir, ou autre chose à apprendre ou à comprendre, ou autrement, par exemple avec d'autres questions. Ce qui veut dire que lorsqu'un chercheur s'oppose à ses prédécesseurs (ou envisage de prolonger ou de reprendre une question qui lui semble demander plus), il offre au problème d'autres plis, certes, mais à chaque fois en héritant de ceux qui avaient déjà été esquissés. Thibault ne dit pas autre chose à propos des recherches sur les perspectives animales : « Les plis perspectivistes se forment souvent les uns dans les autres. » Et ce constat l'oblige.

Dès lors, pour lui, chaque nouvelle proposition ne permet pas de juger les précédentes sur le mode d'une condamnation, il ne s'agit pas de reconstruire l'histoire selon un système d'opposition entre passé et présent, conceptions originelles et découvertes actuelles (maintenant on sait !), mais de répertorier des possibles inaboutis, de voir en quoi ils ont constitué des relais et des désirs de reprise (ou pourraient encore le faire), et de le faire en donnant parfois à ces possibles la très légère inflexion qui leur manquait pour se manifester comme intéressants. C'est pourquoi prendre le temps de bien décrire chaque expérience, « se donner les moyens », c'est ralentir pour se donner le temps de redécouvrir, pour celles qui ont manqué leur objet ou qui seront invalidées, ce que chacune d'elle recélait comme puissance en déficit d'existence, comme promesse inaboutie, et qu'un léger infléchissement, une relecture soigneuse, un peu d'imagination, une autre perspective, peuvent rendre perceptibles.

C'est là l'ingénieuse générosité du geste du philosophe : apprendre à déceler dans chaque expérience sa fécondité propre, à voir l'originalité qu'elle met en œuvre, moyennant (il s'agit encore de donner les moyens, non pas les inventer, mais les trouver), un décalage, un pli différent, une légère bifurcation, une focale différente*. « Bien sûr, peut dire par exemple Thibault, ce problème n'est pas très bien posé, les questions peut-être pas tout à fait à la hauteur, mais il devient intéressant *si*.... » Et ce « si » spéculatif, et pourtant parfaitement ancré dans les faits, ouvre

*. En ce sens, Thibault De Meyer réinvente le personnage de l'avocat que retrouvait David Lapoujade dans le travail d'Étienne Souriau, il devient l'intercesseur de problèmes en attente d'être rejoués autrement, non pas tant en attente de promotion d'existence dans ce cas, mais en attente de promotion d'intérêt. Voir Lapoujade, *Les Existences moindres*.

et change tout : voilà que le problème, ainsi infléchi, se connecte à d'autres, se met dans d'autres rapports, forme d'autres plis, nous envoie ailleurs – c'est peut-être cela se faire « éduquer » par un problème, se laisser instruire par lui. Non pas chercher à partir de ce qui manque, mais à partir de ce qui est proposé, pour en dégager sa promesse, ses devenirs possibles, sa puissance. Il s'agit somme toute de transformer activement des faiblesses en forces, en s'inscrivant dans le mouvement même que les questions commençaient à déployer, il s'agit de réactiver l'élan qui aurait pu les porter ailleurs, là où elles auraient pu être fécondées. Sans coup de force et sans tambour ni trompette : en se laissant juste appâter par l'intérêt qui avait mobilisé ces questions.

En somme, et c'est l'art de Thibault, sa botte secrète (et la raison pour laquelle ne me surprend pas le fait que ce sujet des perspectives l'ait trouvé et dûment convoqué) : mettre en acte ce qu'il apprend des perspectives et de ceux qui en prennent soin ; faire de la pratique du changement de perspective un atelier de réparation des questions qui n'avaient pas donné toutes leurs chances au problème qu'elles s'étaient assigné. C'est tout un art de l'artifice. Mais la perspective n'en joue-t-elle justement pas ? Et n'est-ce pas ce qu'elle requiert ? Et n'est-ce pas sur ce mode de la réparation (voire d'un *reclaim* que pourraient nous adresser les autres vivants) que finalement Thibault nous invite à rejouer le problème de la perspective comme un problème pratique : par quels dispositifs, par quelles procédures inventives nous est-il possible de changer de point de vue, d'en explorer d'autres, de « sortir », de « voir depuis ailleurs », bref de modifier nos « modes d'attention » et de pensée* ?

Et de le faire avec le même appétit, la même curiosité et, surtout, la même joie émerveillée.

*. Je rejoins ici la proposition qu'avait faite mon collègue Didier Debaise, suite à la lecture de la thèse qui a donné naissance à ce livre. Par ailleurs, pour rappel, la perspective présente la même caractéristique que la version : il ne peut y avoir de version que s'il y en a une autre, on est toujours embarqué dans le régime de la diversité (pauvre ou riche : tout est encore à faire ; bien construite ou mal construite : tout tiendra à ce qui fera que nous gagnerons en intimité dans l'étrangeté). Dès lors, quel autre intérêt de la perspective si ce n'est le pouvoir d'en changer ?

INTRODUCTION

Comme elle est magnifique !

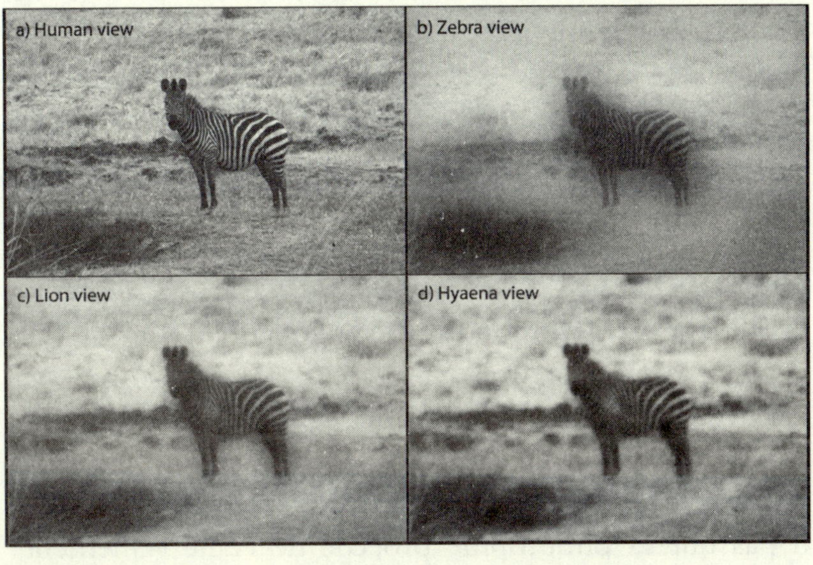

Illustration 1 : Zèbre vu par un humain (a), un conspécifique (b), un lion (c) et une hyène (d) (l'image en couleur est reprise sur la seconde de couverture).

Tout est parti d'une planche scientifique que j'ai découverte en janvier 2016 dans un article de Tim Caro et de son équipe*. Elle était composée de quatre photographies sur lesquelles on reconnaissait un zèbre – le même zèbre, dans la même position, dans la même plaine, baigné dans la même lumière. En fait, les quatre photos avaient été construites à partir d'un seul cliché pris par le biologiste lors d'un de ses séjours de recherche dans le parc national de Katavi, au sud-est de la Tanzanie. C'est cette planche que nous mettrons en œuvre, ou plutôt, puisqu'on ne sait trop qui est travaillé par qui, c'est elle qui m'a mis à la tâche.

C'est le caractère interpellant de cette œuvre qui a éveillé ma curiosité. Cet enthousiasme fut partagé par d'autres. Je me souviens, par exemple, du moment où j'ai déposé une copie de cette image sur la table de la salle de réunion du Trinkhall Museum à Liège. J'y avais été invité par Carl Havelange, le directeur du musée, pour un échange avec lui à propos du rôle des images dans les sciences. À peine eut-il aperçu la planche des zèbres qu'il s'exclama : *comme elle est magnifique !* Cette manifestation de joie me rappela mon propre engouement lorsque je la vis pour la première fois.

En philosophie, l'admiration n'est pas un sentiment anodin, ni un simple élément décoratif en vue d'appâter le lecteur. Un des penseurs les plus célèbres n'affirmait-il pas que la philosophie procède de l'émerveillement ? Justin Smith, un philosophe contemporain, complète cette idée d'Aristote : « La philosophie n'est pas seulement née de l'émerveillement, elle meurt quand celui-ci

*. Melin, *et al.*, « Zebra stripes ».

disparaît*. » S'il y a exclamation – lorsqu'on pousse un cri, dirait Gilles Deleuze –, c'est peut-être parce que l'expérience qui en est la cause contient en puissance des concepts, des idées et même des mondes à découvrir ou à inventer.

J'ai donc cherché à déplier cette image des zèbres. Or, de la même façon qu'un énoncé n'existe jamais indépendamment d'un champ linguistique et stratégique, les images sont, elles aussi, traversées de part en part par les milieux qui leur sont associés. En replaçant le quadriptyque de Tim Caro dans de multiples champs graphiques, tantôt scientifiques tantôt artistiques, nous décrirons sa remarquable singularité et saisirons son originalité qui va bien au-delà du premier sentiment de curiosité qu'il suscite.

De prime abord, l'exclamation de Carl Havelange pourrait surprendre : elle témoigne d'un élan esthétique alors que la planche de Caro n'a d'aucune façon la prétention d'être une œuvre d'art, du moins au sens où on l'entend couramment. Il n'empêche que cette planche entre en résonance avec certaines œuvres contemporaines et notamment avec ces séries sérigraphiques qui ont rendu célèbre l'artiste américain Andy Warhol. Le zèbre reproduit quatre fois fait immanquablement écho à ces séries de portraits de Marylin Monroe ou de Mao Zedong démultipliés en dix, vingt ou trente exemplaires juxtaposés.

*. Smith, *The Philosopher*, p. 157. Pour la citation d'Aristote, voir *Métaphysique*, 1, 982b12-13 : « C'est en effet par l'étonnement que les humains, maintenant aussi bien qu'au début, commencent à philosopher [...]. ».

La reproduction en tant que telle peut susciter un effet esthétique. Ainsi, l'anthropologue de l'art Alfred Gell affirme que les motifs répétés des arabesques confondent le spectateur, le perdent dans des fresques sans début ni fin*. C'est un effet similaire que produisent les œuvres aux motifs répétitifs de Maurits Escher. Néanmoins, chez Warhol, la répétition crée un effet supplémentaire. On ne se sent pas perdu au milieu des bouteilles de Coca-Cola ou des conserves de soupe. Lorsqu'on est confronté à une série de Warhol, on s'engage généralement à détecter les différences entre chacune des sérigraphies répétées : changement de couleurs ou de ton ici, légères variations de traits là, ne remarque-t-on pas aussi un pli par-ci, une tache par-là ?

Aussi, la répétition chez l'artiste pop revêt un intérêt en soi, celui d'affûter notre regard, de nous rendre plus attentifs aux détails. Aux interprétations par trop symbolistes de l'artiste pop (la répétition comme symbole de la surconsommation, par exemple), Jennifer Dyer, une philosophe, rétorque que « le sens de l'art de Warhol est à chercher dans les différences manifestées dans chacune des images** ». En d'autres termes, la répétition nous intrigue et nous éveille. En ce sens, on peut citer le titre très

*. Gell, *L'Art et ses agents*, p. 98-101.

**. Dyer, « The metaphysics of the mundane », p. 41. J'ai eu la chance de pouvoir faire l'expérience de cette façon de regarder les œuvres de l'artiste new-yorkais, grâce à Diego, mon fils, qui avait huit ans à l'époque, et que j'avais emmené à une exposition à Liège dédiée au fondateur du Pop Art. Diego prenait plaisir à repérer les différences, prenant l'exposition pour une version géante du « jeu des sept erreurs ».

explicite d'une autre œuvre célèbre de l'artiste new-yorkais où il reproduisit trente fois la Joconde de Léonard de Vinci : « Trente c'est mieux qu'une. »

Les photographies de Caro produisent assurément un tel effet : elles nous invitent à prêter attention aux singularités. Cette posture est d'ailleurs nécessaire pour apprécier ces images, car elles tirent toute leur signification du fait même qu'elles ne sont pas tout à fait identiques. À y regarder d'un peu plus près, elles diffèrent les unes des autres, car elles ont été retouchées à l'ordinateur et ont été traitées chacune par des filtres différents. La disposition des images vise d'ailleurs à marquer davantage leurs différences : une fois placées côte à côte, on peut les observer de manière synoptique et de la sorte mieux en distinguer les variations.

Selon les spécialistes de la vision humaine et animale qui ont collaboré à l'article de Caro, ces nuances correspondent aux diverses manières dont le zèbre est vu (a) par un humain, (b) par un autre zèbre, (c) par un lion et (d) par une hyène. De ces images, on peut déduire que, parmi ces quatre « espèces d'observateurs », pour reprendre ici une expression du biologiste américain, ceux qui distinguent le mieux les contours des corps zébrés sont les humains. Les zèbres eux-mêmes ont une vision un peu embrumée de leurs congénères, quoiqu'ils différencient leurs zébrures mieux que leurs prédateurs.

L'expression même d'espèce d'observateurs (*observer species*) qu'utilise le scientifique est révélatrice. Dans le naturalisme européen, nous avons pris l'habitude de classer les espèces par rapport à des caractéristiques externes ou corporelles*. Pourtant, dans certains collectifs, amazoniens notamment, les espèces sont définies par rapport à des manières de percevoir (qui correspondent, à leur tour, à des manières de se mouvoir)**. L'expression d'espèce d'observateurs doit nous mettre la puce à l'oreille : si le vocabulaire de ce chercheur occidental fait songer à des manières de penser autres, c'est sans doute parce que la planche qui sera au centre de nos analyses pourrait en venir à ébranler nos habitudes et nos conceptions les plus ancrées.

Mais la planche de Caro n'évoque pas seulement l'œuvre de Warhol. Elle fait aussi écho à la tradition perspectiviste en art et en architecture. Or, celle-ci a amplement participé à instaurer la pensée naturaliste en Europe. Sans entrer encore dans l'explication détaillée de ce point, notons déjà que le nombre de photographies (quatre) et leur disposition (en carré) évoquent des présentations didactiques de la représentation perspectiviste en dessin ou en architecture notamment. Ces dernières montrent souvent une chaise (ou le squelette d'une chaise) selon quatre points de vue différents, de face, de côté, d'en haut et d'en bas. L'inventeur d'un des premiers logiciels pour assister les architectes à produire des images perspectivistes

*. Sur l'histoire de la taxonomie en Europe, voir De Meyer, « Systems of nature and taxonomy ».

**. Lenaerts, « Ontologie animique, ethnosciences et universalisme cognitif ». Notons qu'en Allemagne, au début du XIXe siècle, Lorenz Oken avait aussi imaginé une taxonomie fondée sur les différences de perception. Voir Gambarotto, *Vital Forces, Teleology and Organization*, p. 81-88.

affirmait : « Une vue, c'est insuffisant, deux vues, c'est acceptable, trois, c'est désirable, mais quatre c'est [le plus] pratique*. »

La disposition des quatre perspectives sur le zèbre pourrait ainsi être vue comme une sorte de clin d'œil, bien qu'il soit probablement inconscient et involontaire, à la tradition du perspectivisme pictural. Néanmoins, cette planche, où le zèbre apparaît « comme multiplié perspectivement »**, évoque cette tradition par la forme, mais aussi et plus substantiellement par la question qu'elle pose : *comment Caro et son équipe s'y sont-ils pris pour reproduire et coucher sur papier la perspective des lions, des hyènes et des zèbres ?*

Or, c'est cette même question, à un détail près, qui inquiétait déjà au XVe siècle Filippo Brunelleschi, l'inventeur de la perspective linéaire : chez lui, la perspective à reproduire n'était pas celle d'un lion ou d'un autre animal, mais celle d'un observateur présumé humain. Si j'ai décidé de consacrer une étude approfondie à l'image de Caro, c'est parce qu'elle infléchit, discrètement mais non moins radicalement, la tradition perspectiviste qui hante notre imaginaire collectif.

*. Timothy Johnson, cité dans Rippinger, « La projection intégrée au Sketchpad III », p. 5.

**. Selon la belle expression de Leibniz lorsqu'il parle d'une même ville qui est « comme multipliée perspectivement ». Voir Leibniz, *Monadologie*, § 57. Pour un commentaire par rapport à cette métaphore, voir Bouquiaux, « La notion de *point de vue* dans l'élaboration de la métaphysique leibnizienne ».

En effet, la perspective linéaire s'est imposée comme mode de représentation majoritaire. D'abord, dans le sens quantitatif du terme, car elle s'est réincarnée dans nos appareils photographiques et dans nos caméras, mais aussi dans le sens plus fondamental que conféraient Gilles Deleuze et Félix Guattari à cet adjectif « majoritaire » : ce mode de représentation laisse tellement peu de place aux modes de figuration alternatifs qu'il devient même difficile d'imaginer qu'il puisse en exister d'autres*. Pourtant, les modes de figuration alternatifs et minoritaires, comme celui que nous pressentons dans la planche de l'éthologue, ouvrent de nouvelles possibilités de faire monde. C'est cette intuition qui traverse tout mon livre.

Pour bien cerner l'originalité de l'image de Caro, il nous faut donc d'abord revenir sur la tradition perspectiviste dans laquelle cette œuvre s'inscrit, dans la mesure même où elle met en question et transforme cette dernière (l'inflexion tout comme la rupture constituent d'ailleurs des manières d'hériter d'une tradition). Pour prendre toute la mesure de la transformation qu'opère la planche du zèbre multiplié perspectivement, intéressons-nous donc, dans un premier temps, à la singulière expérience de Brunelleschi qui marque l'origine, sinon réelle du moins mythique, du perspectivisme pictural.

*. Sur le doublet majoritaire/minoritaire, voir Deleuze & Guattari, *Mille plateaux*, p. 134 : « C'est pourquoi nous devons distinguer : le majoritaire comme système homogène et constant, les minorités comme sous-systèmes, et le minoritaire comme devenir potentiel et créé, créatif. »

1

Lignes de fuite

Où l'on présente une singulière expérience au Quattrocento *qui instaura le paradigme perspectiviste dans la peinture et la pensée occidentales. Malgré son caractère amusant et ludique, le dispositif de Filippo Brunelleschi hante encore aujourd'hui nos imaginaires collectifs.*

Le tableau et l'œilleton

Vers 1420, sur la place San Giovanni à Florence, Filippo Brunelleschi peignit le baptistère qui fait face à la cathédrale Santa Maria del Fiore. Comme il était déjà célèbre à cette époque, rien ne l'aurait empêché de le peindre sur un tableau de grande taille, mais il préféra exercer son art sur une petite tablette dont chaque côté mesurait à peine une demi-brasse (équivalent à un carré de plus ou moins vingt-quatre centimètres de côté). Au centre de cette *tavoletta*, il perça un trou de forme conique. Le diamètre de la base du cône, au dos de la planche, c'est-à-dire sur le côté vierge,

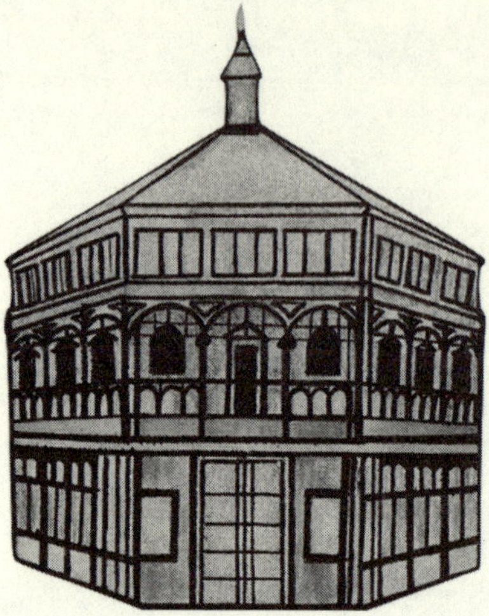

Illustration 2 : Reproduction partielle de la *tavoletta* de Brunelleschi.

correspondait à la taille du globe d'un œil, « la dimension d'un ducat », alors que du côté peint, la section du cône proche du sommet n'était pas plus grande que la pupille de l'œil, « petite comme une lentille ». Cette forme « en chapeau de paille pour femme », suivant les termes du premier biographe de Brunelleschi, en faisait un parfait viseur*.

Pourquoi donc avoir percé un œilleton au milieu de ce tableautin ? N'y a-t-il pas une sorte de folie ou de déraison dans cette expérience ? Car il s'agissait bien d'une expérience. Selon certains, il s'agirait même de la première expérience scientifique moderne basée sur le principe de la reproductibilité d'une observation**. En quoi consis-

*. Manetti, « Vie de Filippo Brunelleschi », p. 20-21.

**. L'idée que Brunelleschi ait inauguré la science moderne (avant Galilée) est suggérée, par exemple, par Damisch, *L'Origine de la perspective*, p. 179-80 ; voir aussi Wootton, *The Invention of Science*, chap. 3, section 1.

tait-elle ? Depuis le porche de la cathédrale, c'est-à-dire depuis le point d'où il venait de peindre le baptistère, Brunelleschi recrutait des passants à qui il demandait, non pas de regarder la peinture, mais de tenir le tableautin entre leurs mains (cette maniabilité étant une des raisons pour lesquelles il ne pouvait être trop grand) puis d'en plaquer la face non peinte contre leur visage afin de regarder le baptistère à travers l'œilleton – non pas la représentation de l'édifice sur la toile, mais l'édifice de pierre et d'argile que les Florentins connaissaient bien, puisque c'est en son sein qu'ils avaient chacun reçu leur nom de baptême.

Au lieu d'admirer la peinture, le passant recruté ne voyait donc d'abord que l'édifice qui avait servi de modèle à l'artiste, celui que quiconque pouvait d'ailleurs admirer à l'œil nu. Ce n'est que dans un second temps que l'expérimentateur tendait un miroir au spectateur qu'il avait enrôlé. En tenant celui-ci comme il l'aurait fait pour observer son propre visage, le témoin découvrait enfin le tableau ou plutôt le reflet du tableau (ainsi que sa pupille au milieu de celui-ci). En cherchant un peu, en modifiant la distance, l'inclinaison ou la hauteur du miroir, le témoin pouvait trouver le lieu où la peinture paraissait se superposer à la réalité (une autre raison de la petitesse du tableau est que s'il eut été plus grand, il aurait fallu placer le miroir plus loin de l'observateur, rendant dès lors impraticable l'ajustement manuel de celui-ci).

Tout le dispositif de Brunelleschi semblait être une présentation, bien qu'il n'utilisât pas encore le terme, de la

Illustration 3 : Schéma explicatif de l'expérience de Brunelleschi. Le personnage porte dans sa main droite la planchette et dans la main gauche le miroir.

perspectiva artificialis ; c'était en tout cas la démonstration qu'il était possible de reproduire l'impression de la vision naturelle, la *perspectiva naturalis,* sur un tableau plan. On pourrait malgré tout se demander à quoi servait le miroir dans cette démonstration ; le tableau seul ne suffisait-il pas à prouver la ressemblance ? Mais, on l'aura compris, le tableautin était peint en symétrie inverse ; le miroir permettait de voir à nouveau l'image dans sa position originale.

Toutefois, Brunelleschi aurait tout aussi bien pu figurer le baptistère directement selon la disposition normale des éléments, ce qu'il fit d'ailleurs lorsqu'il peignit, pour une seconde expérience, le palais de la Seigneurie de Florence. S'il ne l'a pas fait dans le cas du baptistère, il semble que ce soit parce qu'il voulait utiliser la surface réfléchissante dans un but de démonstration. Car un des avantages du dispositif de Brunelleschi était de pouvoir faire glisser le miroir légèrement vers le bas, vers le haut ou de côté afin de permettre d'observer en même temps une partie du bâtiment et, dans une parfaite continuité, une partie de la peinture, l'image paraissant prendre la relève de la réalité. Dans ce dispositif, « la *perspectiva naturalis* et la *perspectiva artificialis* convergent et s'indistinguent* ».

C'est ainsi que le perspectivisme prit forme – prit la forme d'une question. Avant d'être la philosophie d'un Leibniz ou d'un Nietzsche (des philosophes que nous inviterons, en temps voulu, à prendre part à la discussion), avant d'être une théorie épistémologique (qui sera exposée ultérieurement), avant même d'être une technique, le perspectivisme se manifeste comme un problème pratique : *comment reproduire et peindre sur le tableau la perspective vivante, celle d'un spectateur supposé humain ?*

Dans son expérience, Brunelleschi ne cherchait d'aucune façon à reproduire le bâtiment en tant que tel ; il ne s'agissait en rien d'une réplique à l'identique, d'une copie ou d'un *eikon* dans le langage de Platon**. En effet, non seulement le matériau n'était pas le même (les dalles de pierre y deviennent des pigments colorés), mais même les proportions réelles entre les éléments n'étaient pas maintenues : les portes des côtés, par exemple, étaient peintes plus petites que celles de l'avant, alors que dans le bâtiment réel, elles avaient la même taille.

Dans le dispositif de Brunelleschi, ce n'est que depuis le point de vue de l'observateur qu'il y a reproduction de la réalité. On sait que, pour Platon, le *phantasma*, cet art de reproduire non pas les choses en tant que telles, mais

*. Alloa, *Partages de la perspective*, p. 156.

**. Platon, *Sophiste*, 235d-236a. Voir Gavray, « Perspectivisme et antilogie », p. 13.

les choses telles qu'elles sont perçues par un observateur donné, était opposé à l'*eikon*, c'est-à-dire à la reproduction à l'identique d'un modèle. Pourtant, lorsque Brunelleschi peint son simulacre, il a bien reproduit quelque chose, non pas un objet matériel, non pas l'édifice, mais quelque chose qui n'en est pas pour autant moins réel, à savoir la perspective de l'observateur.

Si la *tavoletta* ne reproduit pas l'objet représenté – pourquoi diable reproduire un édifice qu'on peut tout aussi bien admirer à l'œil nu ? –, elle reproduit la manière dont le sujet perçoit cet objet. C'est le sujet, sa perspective, qui structure le tableau ; c'est le sujet, sa perspective, qui structure le dispositif de Brunelleschi.

À ce stade, la question perspectiviste – comment reproduire une perspective ? – n'est formulée que de manière balbutiante, car chacun de ces termes (en particulier « reproduire » et « perspective ») devra être reconsidéré, commenté, précisé et corrigé. Cette question de la perspective ne fut probablement même pas posée explicitement par Brunelleschi lui-même. Elle n'émergea que de manière médiate et discrète*.

*. Bien qu'on ne sache pas avec un grand degré de certitude pourquoi il en vint à vouloir poser sur le tableau la perspective du spectateur, une hypothèse a tout de même emporté la faveur de nombreux historiens. C'est en 1401, après avoir perdu la compétition pour construire les statues en bronze destinées au portail du baptistère, que s'amorça sa rivalité à vie avec Lorenzo Ghiberti, le vainqueur du concours. On est sûr qu'à cette date le vaincu s'en fut à Rome où il dédia le plus clair de son temps à l'étude des édifices antiques. Pour établir les mesures de ceux-ci, il utilisait fort probablement,

Il n'en demeure pas moins vrai que c'est pour répondre à une telle question, non formulée ou formulée autrement, sous un mode latent, que l'artiste florentin mit au point une nouvelle technique de représentation picturale. Selon la plupart des historiens de l'art, il appliqua une nouvelle règle de représentation : la perspective linéaire. Cette technique consiste à organiser l'ensemble du tableau autour d'un point de fuite vers lequel convergent toutes les lignes. Ce dernier correspond au point de vue de l'artiste que le dispositif cherche à faire coïncider avec celui du spectateur. C'est en ce point précis que Brunelleschi perfora le trou afin de démontrer très concrètement la coïncidence entre les deux points, celui de l'observateur et celui qui gouverne le tableau.

c'était courant depuis au moins un siècle en Italie, un miroir qu'il plaçait sur le sol en face du bâtiment. Ensuite, par un jeu de calculs trigonométriques, il pouvait déduire la hauteur de l'édifice à partir de la hauteur du reflet de celui-ci vu depuis une distance donnée. Cependant, il ne cherchait pas seulement à conserver les mesures, il souhaitait également pouvoir observer les édifices une fois de retour à Florence (car il n'avait pas l'intention de rester à Rome, une ville appauvrie au Moyen Âge). C'est pour pouvoir enregistrer fidèlement le détail de la forme des bâtiments lorsqu'il serait de retour dans sa ville natale qu'il mit au point sa technique perspectiviste ; il inventa, dans la terminologie proposée par l'anthropologue des sciences Bruno Latour, un « mobile immuable », c'est-à-dire une technique permettant à la fois de rendre mobiles ces édifices sans trop les transformer, relativement du moins à certaines dimensions. C'est donc de manière indirecte, de biais, en cherchant à résoudre un problème concret d'architecte que la question perspectiviste émergea. Voir King, *Brunelleschi's Dome*.

Les détails des techniques graphiques mises en œuvre par Brunelleschi ne sont certes pas connus avec certitude, la *tavoletta* ayant disparu depuis longtemps (les dernières traces de son existence datent de la fin du xve siècle*). L'essentiel des connaissances que nous en avons provient de deux biographes, Antonio Manetti et Giorgio Vasari. Chacun d'eux laissa une description du dispositif, sans qu'aucun ne mentionne explicitement la technique utilisée pour réaliser l'image. Était-ce parce qu'ils ignoraient tout simplement son mode opératoire ? Ou, au contraire, considéraient-ils la technique utilisée (la perspective linéaire) trop évidente pour être mentionnée ?

Sans qu'on puisse déterminer précisément quand l'artiste peignit la *tavoletta*, quelque part entre 1410 et 1427, on sait par contre avec certitude que ce n'est qu'après cet événement que Leon Battista Alberti publia son *De pictura* où il explicitait les règles de la perspective linéaire centrale. La traduction italienne de l'ouvrage, *Della pittura*, parue en 1436, soit un an après l'original, était dédiée à Brunelleschi : « Veuille donc me lire, demandait Alberti à son dédicataire, et s'il te paraît nécessaire d'amender quelque chose, corrige-moi. » Ceci suggère fortement que

*. Ces dernières traces ne sont d'ailleurs qu'allusives. Un inventaire de 1492 compte, parmi les possessions des Médicis, deux entrées successives qui semblent faire référence aux deux tableaux de Brunelleschi, celui du baptistère et celui du palais de la Seigneurie. Néanmoins, il n'est pas complètement évident, comme l'explique l'historien de l'art Samuel Edgerton, qu'il s'agisse effectivement des deux tableaux dont il est ici question. Voir Edgerton, « Brunelleschi's first perspective picture », p. 173 (note 5).

c'est à Brunelleschi qu'Alberti emprunta, sinon les détails, du moins les principes généraux de la technique de la perspective linéaire.

Ailleurs ou autrement

De nombreux peintres reprirent la technique de l'architecte florentin.

– Masaccio est le premier à avoir suivi les conseils de Brunelleschi pour le tableau de *La Trinité.* Il s'agissait déjà d'un déplacement décisif, car la technique qui servait à recopier la perspective de l'artiste sur des objets physiques y était mise au service de la religion. Or la réalité divine ne peut être copiée à l'aide de l'observation directe.

– On retrouve aussi la technique brunelleschienne appliquée au plafond du palais des Gonzague à Mantoue. Andrea Mantegna y représenta des anges protecteurs voletant dans le ciel. Ce passage du tableau au plafond marque à nouveau l'inventivité qui accompagne l'application d'une technique lorsqu'on l'utilise ailleurs, sur un autre support (produisant un mouvement de déterritorialisation pour parler avec Gilles Deleuze et Félix Guattari*).

– Pour sa part, dans le portrait des *Époux Arnolfini,* Jan Van Eyck eut l'idée de placer, à l'endroit du point de fuite, un miroir, comme un clin d'œil à celui utilisé dans le dispositif de Brunelleschi.

*. Le concept de déterritorialisation est travaillé en particulier dans Deleuze & Guattari, *Mille plateaux.*

– Citons encore les anamorphoses d'Hans Holbein qui choisit un point de fuite très excentré, contraignant l'observateur à regarder le tableau en oblique pour y reconnaître quelque chose : pousser une technique à ses extrêmes en vient ainsi à produire du neuf*.

On pourrait enrichir cette liste afin de montrer que la technique attribuée à Brunelleschi fut largement reprise, appliquée à d'autres objets, amenée dans d'autres lieux, poussée à ses limites. Notons toutefois ici que certains historiens sceptiques se sont demandé si c'était bien Brunelleschi qui avait inventé la perspective linéaire. En effet, nous n'avons pas d'écrits de sa main – suivant une anecdote, on l'apostrophait déjà de son vivant comme « le poète » ou « le philosophe sans livres »** – et ses biographes ne mentionnent pas précisément la technique qu'il a utilisée pour produire sa *tavoletta*.

De cette absence, certains conclurent qu'il n'avait pas employé la perspective linéaire, mais qu'il n'avait peut-être

*. Pour un aperçu illustré de ces utilisations de la perspective, voir par exemple Cole, *La Perspective*. Pour une riche introduction au perspectivisme en peinture, également illustrée mais davantage portée vers la théorie et la philosophie, voir Comar, *La Perspective en jeu*.

**. Dans l'anecdote rapportée par Niccolò degli Angeli (*Facezie e Motti dei Secoli XV e XVI*, p. 52-53), un érudit de l'époque, Niccolò Niccoli, salue Brunelleschi, « *bene stia il poeta sanza libri* », à quoi ce dernier répondit « *ben giunghino i libri sanza il poeta* », « *voici les livres sans poète* » (dans le contexte de la Renaissance, « *poeta* » signifie souvent humaniste ou philosophe). Sur l'humour de Brunelleschi et le lien entre l'humour et le perspectivisme, voir Bach, « Filippo Brunelleschi and the fat woodcarver ».

fait que recopier les lignes du baptistère à l'aide d'une glace qu'il aurait placée en face de l'édifice : « Et sa première perspective, affirme l'historien de l'art Decio Gioseffi, n'était d'aucune manière "construite", puisqu'elle fut tracée en peignant sur le miroir*. » Dans sa version la plus fruste, cette hypothèse est néanmoins peu plausible. Il est vrai qu'en recopiant non le baptistère, mais son reflet dans une glace, Brunelleschi aurait pu obtenir une image aux proportions exactes sans devoir passer par des mesures et des calculs. Cependant, s'il avait voulu utiliser un miroir de la sorte, il aurait immédiatement été confronté à un problème pratique, à savoir qu'au moment de l'exécution de la peinture, il aurait dû se trouver entre celui-ci et le bâtiment, obstruant par là même la vision qu'il voulait reproduire.

Se pourrait-il en revanche qu'il ait utilisé une sorte de *camera obscura* rudimentaire, mais qu'il en ait gardé secret le procédé ? C'est l'hypothèse de Shigeru Tsuji reprise par l'artiste David Hockney**. Dans un documentaire qui accompagnait la sortie du livre du peintre anglais, *Savoirs secrets,* on peut découvrir ce dernier tracer les lignes du baptistère de la place San Giovanni grâce à un miroir concave et un drap noir***.

Lorsque la lumière réfléchie par le miroir se pose sur la tablette, l'artiste n'a plus qu'à repasser avec un crayon ou

*. Gioseffi, *Perspectiva Artificialis*, p. 77.

**. Tsuji, « Brunelleschi and the camera obscura » ; Hockney, *Savoirs secrets.*

***. Wright, *David Hockney: Secret Knowledge*, min. 37. Voir aussi Hockney & Gayford, *Une histoire des images.*

un pinceau sur les lignes (un travail qui demande néanmoins déjà un certain talent, comme l'explique Hockney en inscrivant en grandes lettres sur son t-shirt : *Optics don't make marks**). Cette hypothèse permettrait d'expliquer pourquoi Brunelleschi a choisi de représenter le baptistère depuis l'intérieur de la cathédrale. L'obscurité qui y règne aux heures matinales peut faire de cet édifice une sorte d'énorme chambre noire. Cette hypothèse permet en outre de donner une autre raison à la petitesse de la *tavoletta* : cette technique, sans le recours à des lentilles grossissantes, n'aurait pas permis de produire des reflets de grandes dimensions.

Une controverse historique sur les instruments d'optique de l'époque s'en suivit : Brunelleschi, au XVe siècle, pouvait-il déjà avoir accès à des miroirs d'assez bonne qualité pour cette tâche ? Ceci sera mis en doute**. Concomitamment, l'idée qu'il ait utilisé une technique de type mathématique et géométrique a été confortée par plusieurs indices. D'abord, son amitié avec Masaccio. Brunelleschi aurait conseillé directement celui-ci pour *La Trinité,* la première œuvre appliquant rigoureusement cette technique. La dédicace déjà mentionnée au début du *Della pittura* d'Alberti constitue un autre indice. On sait de surcroît que pour sa seconde expérience, l'architecte florentin peignit le palais de la Seigneurie sur un

*. Wright, *op. cit.*, min. 65 : « L'optique ne trace pas de lignes. »

**. Schechner, « Mirrors and their imperfections in the Renaissance » ; Stork *el al.*, « Did Early Renaissance painters trace optically projected images ? ».

tableau plus grand, ce qui rend l'utilisation du miroir plus difficilement concevable.

Mais, quoi qu'il en soit de la vérité historique concernant l'utilisation ou non du miroir lors de la création du panneau, cette controverse a le mérite de suggérer que la question perspectiviste de Brunelleschi – comment reproduire la perspective de l'observateur ? – n'a pas une seule et unique solution possible. D'ailleurs, si l'hypothèse de l'utilisation du miroir dans la construction du dispositif de Brunelleschi n'est pas assurée, on dispose d'indices plus clairs de l'utilisation d'une telle technique chez Léonard de Vinci ou chez Jan Vermeer et cela, malgré le fait qu'ils aient tenu secret leur *modus operandi**.

Appliquer la technique perspectiviste, *more* Masaccio ou *more* Van Eyck, est une première manière de reprendre Brunelleschi ; proposer d'autres réponses, trouver d'autres techniques pour reproduire le point de vue du spectateur, comme le firent de Vinci ou Vermeer, en est une seconde. Avec leur invention de la *camera obscura*, ces derniers prouvent qu'il existe au minimum deux techniques perspectivistes : la perspective linéaire et la chambre obscure.

Cette ébauche de pluralité – la dualité se situe à la jonction du singulier et du pluriel –, cette pluralité inchoative, pourrait-on dire, invite en tout cas à rechercher d'autres techniques, à vérifier s'il n'en existe pas davantage. Et n'est-ce pas justement ce que l'on trouve dans l'*Underweysung der Messung*, le traité de 1525 d'Albrecht

*. Steadman, *Vermeer's Camera*.

Dürer ? Celui-ci traversa les Alpes pour apprendre la perspective linéaire des peintres italiens, mais à son retour à Nuremberg, il conçut, comme le commente le philosophe et historien de l'art Hubert Damisch, un « appareil auquel [pouvait] recourir le peintre s'il voulait faire l'économie d'une construction raisonnée et obtenir une perspective correcte par des moyens purement mécaniques* ».

Comment fonctionne ce dispositif? Une grille est placée entre le peintre et l'objet à peindre – une femme dans la célèbre illustration de Dürer. Celle-ci est en quelque sorte « tenue à carreau », ce qui valut au dispositif d'acerbes critiques féministes : « La géométrie et la perspective imposent une discipline restreignante au corps féminin** », note Lynda Nead dans un commentaire à cette estampe intitulée *L'homme dessinant une femme nue*.

Cette critique attire l'attention sur les effets que les techniques perspectivistes peuvent avoir sur le corps des êtres vivants. Un type d'attention indispensable pour étudier le perspectivisme. Cependant, comme nous venons de le voir avec Damisch, dans le cas du

*. Damisch, *L'Origine de la perspective*, p. 60. Pour une introduction à ce livre important, mais d'accès difficile, voir Hagelstein, *Origine et survivances des symboles*, partie III, chap. 2.

**. Nead, *The Female Nude*, p. 10. L'expression « tenir à carreau » semble si bien s'accorder à l'atelier du peintre qu'on pourrait presque croire qu'elle tient son étymologie du dispositif de Dürer, mais ce n'est pas le cas. Il existe de multiples hypothèses concernant l'étymologie de cette expression. Selon le *Dictionnaire historique de la langue française*, par exemple, elle proviendrait d'un jeu de cartes.

Illustration 4 : Dürer, « L'homme dessinant une femme nue ».

« perspectographe » de Dürer, il ne s'agit pas tout à fait de géométrie et de perspective linéaire, mais d'une technique qui cherche à reproduire l'effet de ces sciences sans devoir passer par elles.

Par ailleurs, il ne faut pas oublier que le peintre lui-même, à l'intérieur de ce dispositif, n'est pas beaucoup plus libre que son modèle, tout accroché qu'est son menton sur le tasseau. Cette position permet d'assurer la fixité de son regard. En quadrillant le tableau selon les mêmes proportions que la grille placée devant l'objet (ou la personne) à peindre, il deviendrait plus aisé, selon l'artiste allemand, de recopier la réalité telle qu'elle est perçue par le peintre, de la répliquer trait pour trait, point pour point, tout en conservant les bonnes proportions.

Mais ne se pourrait-il pas que des méthodes visant à rendre compte de la *perspectiva naturalis* aient existé, déjà, avant même Brunelleschi (et *a fortiori* avant de Vinci, Vermeer ou Dürer) ? L'artiste florentin a soulevé de manière particulièrement prégnante la question perspectiviste, mais il n'est pas pour autant le seul ni même nécessairement le premier à l'avoir posée.

C'est notamment la thèse défendue par Erwin Panofsky qui identifie dans l'Antiquité une forme de technique perspectiviste, bien qu'elle n'ait alors pas été linéaire, mais courbée. Selon le célèbre historien de l'art, cette technique picturale respecterait mieux les grandeurs des objets qui se trouvent aux extrémités du tableau. Panofsky insistait sur la différence entre deux questions, « les Anciens disposaient-ils d'une perspective ? » ou « les Anciens disposaient-ils déjà de notre perspective ? »*.

Cette distinction laisse entendre que la manière de prendre en compte la perspective du spectateur peut donner lieu à des réponses différentes de celle proposée par les artistes italiens du *Quattrocento* et donc aussi de celle que nos appareils photographiques mettent en œuvre. De fait, comme l'explique Damisch, « les principes qui président à la construction d'un appareil photographique – et d'abord à celle de la chambre noire – sont liés à une notion conventionnelle de l'espace et de l'objectivité, élaborée préalablement à l'invention de la photographie et à laquelle les photographes [et les cinéastes par la suite], dans leur immense majorité, n'ont fait que se conformer** ».

*. Panofsky, *La Perspective comme forme symbolique*, p. 270.
**. Damisch, *La Dénivelée*, p. 7.

Tenir le monde à distance

Ainsi, Brunelleschi est loin d'être le seul et sans doute n'est-il même pas le premier à avoir posé le problème de la perspective. C'est cependant grâce à lui que nous avons pu présenter le caractère protéiforme du perspectivisme puisque, même en ce qui le concerne, nous ne sommes pas complètement sûrs de la technique qu'il a mise en œuvre pour réaliser sa *tavoletta*. À elle seule, cette hésitation entre plusieurs hypothèses confirme bien l'existence d'une multiplicité de techniques perspectivistes. Par ailleurs, peu de peintres ont rendu aussi évident que Brunelleschi le caractère amusant et vivant de la perspective. Il s'agit avant tout d'un jeu qui implique le corps : le spectateur doit se positionner à un endroit précis, il doit porter un miroir, le manipuler…

Le corps est en fait une composante essentielle de toute analyse du perspectivisme. Or, même si le corps est pleinement intégré au dispositif de Brunelleschi, il en est en même temps éludé ou plutôt, pour utiliser les termes de Damisch, le sujet y est « dès l'origine *élidé* en tant que corps* ». Si le corps n'y est pas complètement exclu, il y est rétréci, il y est réduit à un œil, l'œil posé devant l'œilleton. L'autre œil reste caché derrière la tablette et ne voit rien. De là découle aussi l'omission de tous les autres sens et de leur synesthésie, c'est-à-dire de leur action conjointe dans le processus perceptif. Car, normalement, lorsqu'on voit une scène, on l'entend et on la sent simultanément,

*. Damisch, *L'Origine de la perspective*, p. 173.

ce qui n'est pas le cas ici, puisque le dispositif réduit la scène à sa dimension visuelle.

Le dispositif ne s'occupe que de la vision, qui plus est, d'une vision tronquée du seul fait qu'elle est monoculaire. Jacques Lacan, lorsqu'il commentait la tradition perspectiviste en peinture, affirmait que « la dimension géométrale de la vision n'épuise donc pas, et de loin, ce que le champ de la vision comme tel nous propose comme relation subjectivante originelle* ».

Il s'ensuit que si le corps est inclus dans le dispositif de Brunelleschi, c'est sur le mode paradoxal de son exclusion. Plus largement, l'exclusion du corps caractérisera toute la trajectoire historique de la tradition perspectiviste qui fera d'ailleurs advenir, plusieurs siècles après son instauration, l'« objectivité mécanique ». Celle-ci n'est que le nom d'un rêve, celui de pouvoir connaître le monde en l'absence de tout biais**.

C'est ce que soutient notamment l'anthropologue Philippe Descola qui, comme d'autres, voit dans les images perspectivistes de la Renaissance les balbutiements du rêve de l'objectivité mécanique. Même si la poursuite de cet idéal a marqué tout particulièrement les XIXe et XXe siècles, il était présent à l'état de germe bien avant cette époque, notamment dans les modes de figuration. De fait, ce rêve s'organise autour de la distinction cardinale entre un objet à connaître et le sujet connaissant. Or, pour construire une image en perspective, il faut postuler « un espace

*. Lacan, *Les Quatre Concepts de la psychanalyse*, p. 81.

**. Daston & Galison, *Objectivité*.

géométrique unifié donnant cohérence et continuité aux objets les plus divers qui sont placés en son sein par un spectateur démiurge, nécessairement extérieur à son cadre objectif instauré par lui à partir de la position subjective qu'il occupe* ».

Ce serait dans les manières de construire les images, c'est-à-dire dans les « formes du visible » pour reprendre les mots de Descola, que serait apparue l'idée d'objectivité comme vision neutre, désincarnée, sans observateur. L'anthropologue distingue en fait deux pôles dans la représentation perspectiviste : celui des objets rangés dans un espace unifié, d'une part ; celui des spectateurs ou des sujets qui se situent en dehors du tableau (et donc du monde), d'autre part. Ces deux pôles sont comme les deux faces de la tablette de Brunelleschi. D'un côté se trouve le baptistère, de l'autre le spectateur. L'un est vu, l'autre se cache. On peut même préciser que ce qui est vu ne voit pas, alors que ce qui voit ou plutôt celui qui voit, lui, n'est pas vu (seule sa pupille reste visible). On peut même pressentir dans la *tavoletta* une forme embryonnaire du *panopticon* dont Michel Foucault a montré toute la portée politique.

En effet, dans *Surveiller et Punir,* le philosophe décrivait la structure architecturale du *panopticon* telle qu'elle avait été imaginée par Jeremy Bentham à la fin du XVIIIe siècle. Celle-ci avait initialement été pensée pour les prisons, mais le rêve de Bentham était de pouvoir l'étendre aux hôpitaux, aux écoles, aux casernes, aux asiles… Le gardien

*. Descola, *Les Formes du visible*, p. 506.

est placé dans la tour centrale (*the inspection house*) tandis que les détenus sont tous enfermés dans des cellules individuelles placées en forme circulaire autour de cette tour centrale. Cette dernière est construite de telle sorte qu'il soit impossible de voir la salle de contrôle depuis les cellules. Par contre, par un dispositif de réfractions, le garde à l'intérieur de la tour peut observer tous les détenus. Les prisonniers sont donc dans une position où ils sont vus alors même qu'ils ne peuvent pas voir. Le gardien, quant à lui, voit, alors qu'il n'est pas vu. Il s'agit donc d'une sorte d'ajustement de la structure de la *tavoletta* qui produit, à l'instar de celle-ci, une séparation entre le sujet qui voit sans être vu et l'objet qui est vu sans voir.

Dans ces deux dispositifs, une distance est créée entre l'objet et le sujet – distance constitutive en réalité à la fois de l'objet et du sujet. Dans un tableau perspectiviste, le sujet structure la représentation de l'objet, mais il ne structure pas l'objet lui-même qui est réputé exister même quand le sujet ferme les yeux ou que personne ne le regarde. Discrètement, au cours des siècles, à force de répéter le geste de Brunelleschi, à force de le moduler sous de nouvelles formes, sous celle du *panopticon* notamment, l'idée que l'objet existe indépendamment de nous qui le regardons s'est peu à peu cristallisée. À tel point qu'il est devenu difficile aujourd'hui d'imaginer le contraire. Le baptistère peut être vu depuis plusieurs perspectives, du nord, du sud, du haut, du bas, mais lui, en tant qu'édifice, n'en a que faire, il n'en est nullement affecté ; dans notre conception, il reste imperturbable à nos mouvements et à nos représentations. Quoi de plus évident ?

Pourtant, cette séparation de la perspective et du monde n'est imaginable que grâce à une mise à distance ; elle n'a été rendue possible qu'à travers des dispositifs singuliers. Ce grand partage entre la sphère des objets et celle des sujets est caractéristique d'une ontologie, celle que Descola nomme le naturalisme. Si l'anthropologue la nomme ainsi, c'est parce qu'il affirme que la peinture italienne, puis hollandaise, ont produit une des idées les plus idiosyncrasiques ayant jamais existé : celle de la nature comme espace unifié et constitué d'objets qui seraient régis par des lois indépendantes de toute volonté. C'est ainsi que le perspectivisme pictural aurait participé à constituer notre monde où les sujets et les objets sont catégoriquement distingués, où la sphère du culturel et celle de la nature ont été hermétiquement séparées. Descola nous enseigne par là que les techniques de représentation ne sont jamais neutres ; au contraire, elles constituent ou, du moins, participent à constituer nos mondes.

C'est cette posture naturaliste, cette mise à distance de la nature qui aurait induit notre indifférence à son égard : puisque la nature existe loin de nous, pourquoi nous y intéresser ? À l'heure de l'anthropocène, s'il est vrai que l'*anthropos* est devenu une force géologique, il devient impensable de vouloir ignorer notre emprise directe sur ce qu'on a pris l'habitude d'appeler les « matières naturelles ». Nous ne pouvons plus nous mettre en retrait de ce que, par habitude, nous nommons encore « nature », nous ne pouvons plus nous extraire du tableau, en nous abritant derrière une quelconque et fragile *tavoletta* percée d'un minuscule œilleton. Deborah Danowski et

Eduardo Viveiros de Castro, l'une philosophe et l'autre anthropologue, considèrent que « cette collision subite des Humains avec la Terre [...] contribue de façon décisive à l'effondrement de la distinction fondamentale de l'*épistémè* moderne* ».

Néanmoins, Descola s'attarde peut-être trop à décrire l'Europe moderne comme distinctement naturaliste, depuis ses balbutiements à la Renaissance jusqu'aux sciences physiques les plus avancées en passant par l'invention de la photographie. Foucault avait aussi tendance à présenter les époques historiques comme des blocs monolithiques, bien que chez lui transparaissait davantage l'idée qu'à tout *épistémè* correspondent des mouvements de résistance – qu'à toute ontologie répondent des contre-ontologies.

En présentant de façon trop monolithique l'Europe et la modernité, sans doute courons-nous le risque de ne plus pouvoir penser d'autres histoires et d'autres façons de faire monde. C'est là le centre de la réserve que développe Michel Serres à propos de *Par-delà nature et culture*, le maître-ouvrage de Descola. Dans son opuscule intitulé *Écrivains, savants et philosophes font le tour du monde*, le philosophe gascon passe en revue des pratiques, des œuvres, des habitudes clairement occidentales (le plus souvent même européennes et françaises) qui n'entrent pas dans la case du naturalisme : « Car jadis et naguère, explique-t-il, nous, Occidentaux, fûmes et restons, encore aujourd'hui, animistes, totémistes... oui,

*. Danowski & Viveiros de Castro, « L'arrêt de monde », p. 229.

nous composâmes et suivons encore ces visions, moins autres que proches*. » À ma façon, je voudrais poursuivre le programme de Serres, en cherchant les linéaments de nouvelles ontologies dans les pratiques scientifiques, plus précisément dans certaines pratiques figuratives, des pratiques qui sont en outre très similaires, du moins en apparence, à la peinture perspectiviste**.

Comme nous l'avons suggéré, il y aurait au moins deux manières de reprendre Brunelleschi : conserver sa question ainsi que sa réponse pour l'appliquer à d'autres scènes ou sur d'autres supports (« Brunelleschi déterritorialisé ») ou, deuxième option, chercher de nouvelles réponses à sa question (« Brunelleschi retechnicisé »). Ces reprises semblent néanmoins nous cantonner trop fermement à l'histoire de l'art pictural.

Or, on trouve chez les éthologues une troisième manière de reprendre Brunelleschi, non pas en adoptant sa technique pour dépeindre d'autres scènes, ni même en cherchant de nouvelles réponses à sa question, mais au contraire, en transformant cette même question, en la réinventant (« Brunelleschi métamorphosé »).

*. Serres, *Écrivains, savants et philosophes font le tour du monde*, p. 12-13.

**. Remarquons ici que, par la suite, je n'utiliserai qu'occasionnellement le vocabulaire de Descola. Au lieu de parler de naturalisme, je proposerai la notion de perspectivisme objectivant car la forme de perspectivisme qui naît avec Brunelleschi cache le sujet pour laisser toute la place à l'objet. Nous verrons plus avant l'intérêt de parler de versions distinctes du perspectivisme plutôt que de conférer à chaque ontologie une appellation différente.

Aussi, nous mettrons à l'œuvre, de manière certes un peu inattendue, la proposition de Damisch suivant laquelle le « domaine de pertinence [de la perspective] excède les limites du champ artistique* ». Nous voulons ici raconter et interroger les transformations que connaît la question de Brunelleschi lorsqu'elle ne porte plus exclusivement sur les humains, mais se pose par rapport à d'autres espèces animales : *que devient cette question, que devient le perspectivisme entre les mains des éthologues ?*

Le problème de la perspective est récurrent dans l'histoire de leur discipline. Les éthologues doivent constamment prendre en compte le point de vue des animaux avec lesquels ils travaillent. Ce sont de véritables « experts en perspective ». Néanmoins, ce n'est qu'exceptionnellement qu'ils utilisent des *images* perspectivistes**. De là l'étonnement que déclenche l'œuvre de Tim Caro. Si sa planche avec les zèbres semble résonner immédiatement avec la *tavoletta* de Brunelleschi, c'est qu'il est aussi question chez lui de reproduire et de poser sur une surface plane des perspectives spécifiques, mais à ceci près qu'il ne s'agit plus de perspectives d'humains mais bien de zèbres, de lions et d'hyènes.

*. Damisch, *L'Origine de la perspective*, p. 32.

**. Lorsque le problème perspectiviste ne passe pas par des images, la formulation plus générale qu'en propose Camille Chamois sied mieux : ces éthologues « utilisent-ils plus (ou mieux) leur capacité de *perspective-taking* que d'autres ? ». Arrivent-ils, en d'autres termes, à saisir, à capter, à prendre en compte les points de vue des animaux qu'ils étudient ? Voir Chamois, « Le perspectivisme est-il une "théorie de l'esprit locale" ? », p. 50.

Caro invente un devenir possible du perspectivisme, un devenir autre, un perspectivisme qui cesse d'être humaniste. Que devient Brunelleschi – sa question, ses dispositifs, ses concepts, son monde – quand il enlève ses œillères anthropocentrées ? Ce sera cette question qui servira de fil rouge – parfois aussi de fil à tisser, à tendre et à retordre – pour nous guider dans ce que nous aurions pu appeler le *Bestiaire de Brunelleschi**.

*. Il s'agit du titre de la thèse dont cet ouvrage est tiré.

2

Les zébrures des zèbres

Où le cas principal de notre enquête, celui de Tim Caro, est introduit. Comment s'y est-il pris pour réaliser le quadriptyque du zèbre ? Et puis, pourquoi voulait-il reproduire la perspective des lions et des hyènes ?

L'œil de Galton

Tim Caro débuta très jeune sa carrière de biologiste. Alors qu'il n'avait que vingt-deux ans en 1976, il publia déjà un premier article qui reprenait les résultats de la recherche qu'il avait réalisée dans le cadre de son travail de fin d'études de master à Cambridge. Cette recherche portait sur les déplacements des gorilles au Rwanda (il en avait suivi deux pendant treize jours, ce qui fournissait des informations sur leurs points d'alimentation et leurs lieux de repos)*. Il réalisa ensuite une thèse en psycho-

*. Caro, « Observations on the ranging behaviour and daily activity of lone silverback mountain gorillas ».

logie à l'université St Andrews en Écosse. Il y analysait les comportements prédateurs des chats domestiques*. Cette étude lui coûta d'ailleurs, à lui ainsi qu'à Robert Prescott, son directeur de recherche, un procès pour maltraitance au motif qu'ils avaient laissé les chats manger des canaris, des souris, des rats et des poissons rouges encore vivants**.

Ce sont les relations de prédation qui continuèrent à passionner Caro tout au long de sa carrière. C'est ce même intérêt qui peut expliquer *a posteriori* (et non *a priori****) pourquoi il en viendra à étudier, un quart de siècle plus tard, le pelage des zèbres. Il s'agissait d'un processus intellectuel de longue haleine qui n'était prédéterminé d'aucune façon, car après son étude sur les chats qui attaquent les souris, il étudia le jeu chez les animaux. Cette transition n'est pas complètement étonnante puisqu'une des hypothèses principales que Caro examinait dans un article de 1985 concernant le jeu (hypothèse qu'il vint à mettre en doute) consistait à considérer les comportements ludiques comme propices à l'apprentissage du combat****.

*. Les résultats de sa thèse sont résumés dans Caro, « Predatory behaviour in domestic cat mothers ».

**. Sur le procès, voir Hollands, « Trivial and questionable research on animals ».

***. Sur la distinction d'explications *a priori* et *a posteriori*, voir Serres, *Darwin, Bonaparte et le Samaritain*, p. 25 : « Considérées à partir de l'amont, les émergences ne sauraient se prévoir, mais [...] vues de l'aval, elles peuvent paraître comme rationnelles, découlant d'une ou plusieurs causes, ou plutôt conditions, que l'expert découvre comme nécessaires mais qui n'accèdent jamais à la suffisance. »

****. Martin & Caro, « On the functions of play and its role in behavioral development ».

Ce passage de l'étude du comportement agressif en tant que tel à l'étude des jeux, qu'il envisagea, un moment au moins (pour les besoins de l'examen), comme un apprentissage aux combats, fit également glisser la focale vers les proies, alors même qu'il l'avait d'abord réglée sur les prédateurs. Il existe en effet une hypothèse complémentaire à celle du jeu comme préparation au combat, à savoir celle qui considère que le jeu permet d'apprendre à se défendre.

Cette étude marque aussi un autre tournant dans la démarche du biologiste. Alors qu'auparavant il étudiait une seule espèce à la fois et qu'il se concentrait plus particulièrement sur de tout petits groupes (deux gorilles, trente-trois chattes), sa recherche sur le jeu concernait les mammifères en général. Par la suite, lorsqu'il se pencha sur les techniques de défense, il suivit une même approche macroscopique. Dans cette recherche, qui donna lieu en 2005 à la publication d'un livre, il passa en revue, chapitre après chapitre, les différentes techniques que les proies déploient pour se protéger des attaques de leurs prédateurs*.

Ces chapitres sont ordonnés en fonction de l'ordre des étapes qui scandent la rencontre entre le prédateur et sa proie. Dans toute relation de prédation, le prédateur doit d'abord repérer sa proie. Les proies adoptent par conséquent des traits morphologiques et comportementaux pour éviter de se faire détecter. Le prédateur doit ensuite s'approcher de sa proie, ce qui est rendu plus complexe du fait que les proies se montrent vigilantes. Une

*. Caro, *Antipredator Defenses in Birds and Mammals*.

fois repérées et approchées par leur assaillant, les proies peuvent se montrer tantôt dangereuses tantôt venimeuses, en hérissant par exemple leurs poils ou grâce à une robe de coloration rouge (les biologistes parlent d'aposématisme lorsque des animaux apparaissent plus dangereux qu'ils ne le sont). Enfin, si la rencontre ne peut être évitée, il reste encore aux proies la possibilité de fuir ou de se défendre.

On apprend combien les animaux, leur morphologie, leurs comportements, leur distribution, leur vie grégaire, sont affectés par les relations d'attaque et de défense. De toutes les techniques antiprédatrices envisagées, le camouflage est celle que Caro étudia le plus. Il consacra de nombreux articles à ce sujet. Ainsi, dans un article de synthèse, « L'importance adaptative de la coloration chez les mammifères », Caro retrace succinctement l'historique des études portant sur les couleurs des animaux*.

Celles-ci furent nombreuses au début de la biologie darwinienne, les variations chromatiques et leurs supposées fonctions protectrices étaient d'ailleurs souvent prises comme des cas d'école de la théorie évolutionniste. Songeons à l'exemple des phalènes de Manchester qui étaient majoritairement blanches avant l'industrialisation, mais qui devinrent majoritairement noires lorsque la fumée des usines vint noircir l'écorce des bouleaux, les insectes foncés devenant dès lors plus difficilement détectables par les oiseaux insectivores.

*. Caro, « The adaptive significance of coloration in mammals ». Voir également Caro, *et al.*, « The colours of animals: from Wallace to the present day. I. Cryptic coloration ».

En 1861, Henry Bates affirmait déjà que la coloration des papillons qui servait de protection contre les prédateurs constituait « une très jolie preuve de la vérité de la sélection naturelle* ». Néanmoins, selon Caro, à partir des années 1920, c'est-à-dire après les travaux d'Alfred Wallace, d'Edward Poulton, d'Abbott et de Gerald Thayer, on se désintéressa de ces questions (à l'exception notable d'Hugh Cott qui publia *Adaptive Coloration in Animals* en 1940).

Depuis une trentaine d'années, on assiste à une résurgence de la « biologie des couleurs », pour utiliser les termes du titre d'un article supervisé par Caro et publié dans *Science***. Vingt-six autres scientifiques cosignent cet état de la littérature : des biologistes, des éthologues, des psychologues, des ophtalmologues, des généticiens et des anthropologues. Le fait que ces divers spécialistes y soient invités n'est pas un détail, car la question des couleurs des animaux est étudiée de manière plus composite qu'au XIXe siècle. Certains examinent les bases chimiques du mélanisme, d'autres cherchent à décrire le soubassement génétique des variations des robes animales ou discutent des manières dont les couleurs sont perçues par diverses espèces. Les hypothèses concernant les fonctions

*. Bates, « Contributions to an insect fauna », p. 513. En réalité, des données similaires sur la coloration des animaux avaient été utilisées auparavant pour défendre l'intelligence divine, l'histoire de l'étude du camouflage étant plus ancienne que le darwinisme. Voir Blaisdell, « Natural theology and nature's disguises ».

**. Cuthill, *et al.* (dont Caro en dernier auteur), « The biology of color ».

évolutives des apparences animales se sont également multipliées, le camouflage devenant une hypothèse à tester parmi d'autres comme celles de la thermorégulation ou de la communication intraspécifique.

Parmi les avantages des méta-analyses, à savoir les analyses qui synthétisent de grands nombres de données publiées, on peut mentionner en particulier leur caractère comparatif (très tôt déjà, Caro défendait l'intérêt méthodologique des analyses quantitatives à grande échelle*). Néanmoins, cette comparabilité se paie au détriment de l'analyse des détails de chaque cas singulier.

Les recherches focalisées sur le zèbre, c'est-à-dire sur une seule espèce (ou plutôt trois espèces d'équidés, à savoir les zèbres des plaines, les zèbres des montagnes et les zèbres de Grévy), ramènent en quelque sorte Caro à l'approche plus restreinte de ses premiers travaux, sans pour autant se cantonner, comme au début de sa carrière, à l'observation de quelques animaux seulement (on pourrait dire qu'il s'agit d'une étude « méso-scopique »). En s'attelant à un cas unique, il peut éprouver de manière plus approfondie chacune des hypothèses le concernant. C'est dans ce contexte qu'il commença, en août 2005, à s'intéresser aux raies des zèbres**.

Cette année-là, il affirmait encore en passant, et sans la remettre en question, l'hypothèse selon laquelle les

*. Mulder & Caro, « The use of quantitative observational techniques in anthropology ».

**. Pour la datation précise du début de cet intérêt, en août 2005, voir Caro, *Zebra Stripes*, p. xv.

rayures pouvaient servir de camouflage: « Les zèbres sont fort visibles à proximité, mais sont étonnamment difficiles à percevoir à distance*. » Il allait bientôt rejeter cette idée qui est analogue à celle qu'envisageait Francis Galton dans les années 1870 : « On ne pourrait concevoir, selon l'opinion commune, un animal plus visible qu'un zèbre. Or, sous une nuit étoilée, vous pourriez en entendre un respirer près de vous alors même qu'il vous serait impossible de le distinguer. Si les raies noires ou si les raies blanches étaient plus nombreuses, il serait vu soit comme une masse noire soit comme une masse blanche, mais leur proportion est telle qu'elle correspond exactement au teint pâle des sols arides vus sous la lumière de la Lune**. »

Cette observation, que Galton communiqua également dans une lettre à Alfred Wallace, servit de base à l'idée que les zébrures octroient un avantage évolutif aux zèbres: « Francis Galton, qui a étudié ces animaux dans leur habitat, m'assure qu'à la lueur du crépuscule, ils ne se font pas autant remarquer qu'on pourrait le croire, parce que les raies blanches et noires se confondent en une teinte grise qui les rend très difficiles à apercevoir, même à peu de distance***. »

C'est cette citation par Wallace qui a rendu l'observation de Galton déterminante pour les biologistes de la

*. Caro, « The adaptive significance of coloration in mammals », p. 127.

**. Galton, *The Narrative of an Explorer in Tropical South Africa*, p. 306.

***. La remarque provenant d'une lettre de Galton est citée dans Wallace, *Le Darwinisme*, p. 299 (traduction légèrement modifiée).

fin du XIXe et du début du XXe siècle comme en témoigne une lettre envoyée aux éditeurs de *Nature* en 1892 où l'on peut lire que « pratiquement tous les auteurs qui traitent de la couleur des animaux se réfèrent aux observations de Galton [à propos des zèbres]* ». C'est donc l'œil d'un homme, celui de Galton, qui fut utilisé *de facto* comme étalon de la vision animale en général.

Ce geste, qui consiste à établir la vision humaine comme standard, fut d'ailleurs répété dans des études récentes sur les zébrures. Pour tester le caractère cryptique des rayures, Martin Stevens, Daniella Yule et Graeme Ruxton inventèrent un jeu d'ordinateur auquel ils invitèrent une centaine d'adultes à participer (et, une fois n'est pas coutume, ce n'étaient pas des étudiants)**.

Le jeu consistait à toucher, à l'aide de la souris de l'ordinateur, une proie virtuelle en mouvement sur l'écran. Les biologistes testaient une hypothèse très précise du camouflage, à savoir que les raies confondraient (*dazzle*) les prédateurs qui rencontraient dès lors des difficultés à déterminer la direction dans laquelle une proie zébrée se déplace***. Dans une première version du jeu, cette proie,

*. Schönland, « The zebra's stripes », p. 6.

**. Stevens, *et al.*, « Dazzle coloration and prey movement ». Voir aussi Scott-Samuel, *et al.*, « Dazzle camouflage affects speed perception ».

***. L'effet *dazzle* est de plus en plus souvent considéré par les biologistes comme une question distincte du camouflage à proprement parler (voir, par exemple, Stevens, *et al.*, « Motion dazzle and camouflage as distinct anti-predator defenses »). Cependant, dans le cadre de ce livre, on n'analysera pas séparément le camouflage et l'effet *dazzle*.

tantôt rayée, tantôt monochrome, se baladait dans des environnements différents (de l'herbe ou des feuillages). Dans la seconde version du jeu, la « proie » se déplaçait dans un environnement fixe (des feuillages), mais à des vitesses variées.

Les résultats sont clairs. Les participants saisissaient plus souvent les proies blanches monochromes que celles qui étaient rayées. Cet effet est d'ailleurs plus marqué sur le fond foliaire que sur le fond herbeux et davantage encore lorsque la proie se meut rapidement. Ceci suggère qu'effectivement, les zébrures peuvent servir de camouflage disruptif, de *dazzle*.

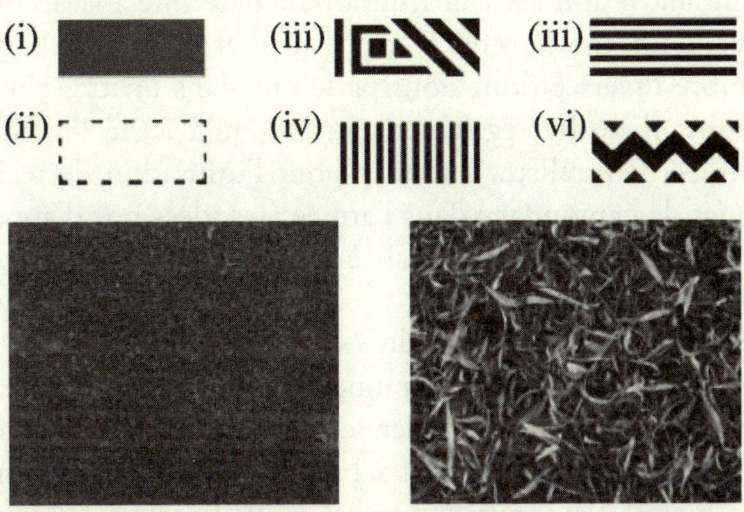

Illustration 5 : Modèles de proie (au-dessus) et de fond (en dessous) utilisés dans l'expérience de Stevens *et al.*

En effet, ces deux techniques antiprédatrices consistent pour un animal à se rendre moins facilement détectable, que ce soit à l'état fixe dans le premier cas ou en mouvement dans le second.

Entre les remarques incidentes de Galton durant les années 1870 et les récents tests sur ordinateur de Stevens, les recherches d'Abbott Thayer, au tournant du XXe siècle, méritent d'être examinées également*. Thayer est parfois surnommé le « père du camouflage », non pas parce qu'il serait le premier à l'avoir étudié (avant lui, des zoologistes d'envergure comme Darwin, Wallace ou Poulton s'y étaient intéressés), ni même parce qu'il aurait inventé le mot « camouflage » dont l'étymologie reste obscure et qui ne deviendra usuel qu'à partir de la Première Guerre mondiale (nous utilisons donc parfois ce terme de manière anachronique).

En fait, il doit cette attribution de paternité à la découverte d'un mécanisme bien particulier de camouflage, l'ombre inversée dont nous parlerons dans un très court instant. Il le doit également au fait qu'il a été l'un des premiers naturalistes à militer pour l'utilisation de techniques de camouflage dans l'armée (ses idées ont d'abord été adoptées par les Français en 1914), inaugurant ainsi une collaboration entre la zoologie et l'art militaire qui perdura une bonne partie du XXe siècle.

Si nous devons accorder une attention toute particulière aux travaux de Thayer, c'est non seulement parce qu'il a également étudié les zébrures des zèbres (il défend une hypothèse similaire à celle de Wallace), mais aussi parce qu'il a conçu des expériences afin d'appuyer ses

*. Pour une synthèse des travaux de Thayer, voir Boynton, « Abbott Thayer and natural history ». Voir également un documentaire qui lui est consacré : Colby, *Invisible*.

hypothèses. En outre, la « question de la perspective », si présente chez Caro, affleure déjà chez Thayer*.

Les canards de Thayer

Thayer n'était pas titulaire d'un quelconque diplôme scientifique : c'était un artiste. Originaire du New Hampshire, il étudia à l'École des Beaux-Arts, à Paris. Il était un portraitiste réputé et recevait des commandes de célébrités telles que Mark Twain ou Henry James. Il fut aussi le professeur de peinture des enfants de William James. Selon ses propres dires, ses deux passions, la peinture et la zoologie, n'étaient pas séparées. Au contraire, elles se conjuguaient, dans la mesure où il attribuait à son « œil d'artiste » sa principale découverte.

Dans ses cours de peinture, il avait appris à rendre compte de l'épaisseur des objets tridimensionnels en appliquant les règles de la perspective linéaire façon Brunelleschi. Il ne se privait pas pour autant de recourir aux règles de la perspective non linéaire. La notion de perspective non linéaire désigne l'ensemble des techniques qui produisent un effet d'épaisseur grâce à l'utilisation « de types d'illusion basée sur les gradients de couleurs, l'acuité ou le clair-obscur** ». Certaines de ces techniques recommandent par exemple d'assombrir la partie de l'objet la moins illuminée (en général, la partie du dessous) et d'éclaircir l'autre partie.

*. Glansdorff, « Une question de perspective ».

**. Bell, « Perspective », p. 485.

Or, lorsqu'il peignait des animaux, notamment à partir de modèles empaillés qu'il confectionnait lui-même, Thayer se rendit compte que presque toutes les robes des animaux sont plus claires en dessous qu'au-dessus. C'est le cas des lapins, des renards, des ours, des oies… Ces pelages annulent par conséquent l'illumination naturelle. Sur un schéma qui accompagnait sa première publication concernant ce mécanisme de camouflage, en 1896, Thayer dessina une boule suivant la direction de la gradation chromatique des animaux*. Côte à côte, il traça la direction de la lumière du soleil. Enfin, la concordance des deux produisit une surface sombre dont il était difficile d'apercevoir l'épaisseur : la boule semblait même disparaître.

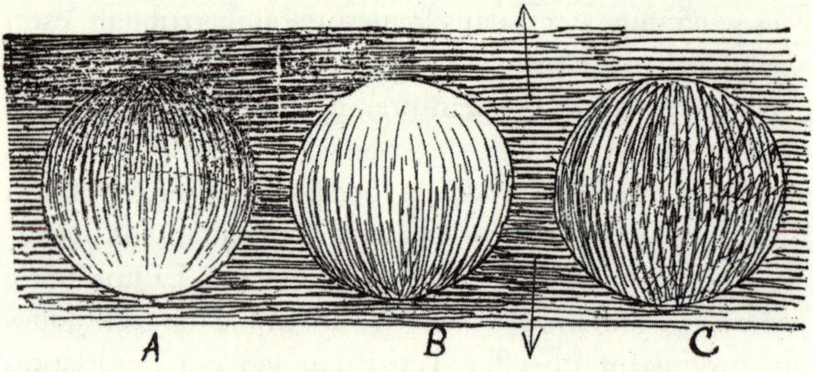

Illustration 6 : Schéma expliquant l'ombre inversée.

Cette même année, il exposa cette théorie à l'Union ornithologiste américaine, mais en lieu et place du schéma, Thayer mit en scène une expérience publique. Après avoir invité les participants à la conférence dans

*. A. Thayer, « The law which underlies protective coloration » (1896).

le jardin jouxtant la salle de réunion, il sortit de son sac deux patates qu'il recouvrit d'abord de terre afin qu'elles prennent la même couleur que le sol sur lequel elles étaient placées. Les témoins purent se rendre compte que la simple concordance des couleurs entre les patates et l'environnement ne suffisait pas pour les dissimuler, car elles restaient nettement visibles grâce à l'ombre qui marquait leur contour.

Par là, très simplement, Thayer remettait en cause le mécanisme que ses prédécesseurs considéraient déterminant : l'effacement visuel des animaux dont le pelage ou le plumage était d'une couleur identique à celui de leur milieu naturel. Bien que, quelques années plus tard, il accordera malgré tout un effet de camouflage au *background-matching*, il maintiendra que ce mécanisme n'est pas, à lui seul, suffisant. Après avoir montré l'inefficacité de la ressemblance chromatique pour produire un camouflage, l'artiste poursuivit l'expérience en peignant en blanc le dessous d'une des pommes de terre qui, alors seulement, devenait invisible à partir d'une certaine distance.

Ne retrouve-t-on pas dans le récit de cette expérience publique un peu de la magie contenue dans la *tavoletta* de Brunelleschi ? Dans le compte rendu du congrès pour la revue *The Auk*, un des participants (le secrétaire de la société) s'étonnait d'ailleurs de « l'effet presque magique » de cette expérience qui semblait donner raison à la théorie du naturaliste*. Comme dans l'expérience de la

*. Sage, « Fourteenth congress of the American Ornithologists' Union », p. 85.

Renaissance, ce sont les témoins qui doivent juger de la réussite ou non de l'expérience de Thayer, car celle-ci porte sur l'effet procuré sur l'observateur par une mise en scène : les pommes de terre disparaîtront-elles de notre vue ? L'artiste imagina par la suite, pour des installations dans des musées américains et britanniques, un même dispositif mais avec des modèles de canard au lieu des tubercules.

Illustration 7 : Modèles de canards, l'un visible (à gauche), l'autre invisible (à droite) grâce à l'ombre inversée.

Le mécanisme de l'ombre inversée ne rendait cependant pas compte des couleurs et des motifs des robes animales. C'est pour cela qu'après ses premières expériences avec les pommes de terre, Thayer inventa une seconde série d'expériences également inspirées de sa pratique artistique.

Comme l'explique l'historien de l'art Roy Behrens, le peintre mit à profit la technique des pochoirs pour étudier la coloration des animaux*.

Au centre d'une feuille en carton, il découpait la silhouette des animaux qu'il étudiait, des canards ou des mouffettes notamment. Il photographiait ensuite des paysages en plaçant devant l'objectif photographique les pochoirs qu'il avait confectionnés préalablement. Lorsqu'il développait ses négatifs, on reconnaissait les couleurs du paysage, mais dans un cadre qui avait la forme de la silhouette d'un animal. Quelques décennies plus tard, René Magritte peignit plusieurs toiles suivant ce même principe : par exemple, dans *L'oiseau du ciel*, on voit la silhouette d'un oiseau rempli de nuages.

Néanmoins, là où le peintre belge sélectionnait des fonds fort différents des robes habituelles des animaux afin de rendre patente l'inversion du fond et de la forme, l'artiste zoologiste américain se rendait dans les environnements où vivent les animaux et où ils sont susceptibles d'être attaqués par des prédateurs. À travers les pochoirs, on ne comprend pas immédiatement qu'il s'agit d'un paysage qui a été photographié, car les couleurs qui ressortent ont les mêmes *patterns* chromatiques, les mêmes couleurs, les mêmes taches, les mêmes contrastes que la robe des animaux. Ceci fait dire à Thayer que ces robes servent aux animaux de camouflage, car elles leur permettent de se fondre dans leur environnement.

*. Behrens, « Seeing through camouflage ».

Illustration 8 : Pochoirs en forme de mouffette.

À l'instar de la lettre volée d'Edgar Allen Poe – l'allusion de Thayer à cette nouvelle est presque explicite –, le mécanisme de la coloration des animaux « se tenait en plein jour, ne demandant qu'à être reconnu, resplendissant de phénomènes beaux et magnifiques* ». Selon Thayer, si ses prédécesseurs n'avaient pas remarqué ce mécanisme, c'est qu'ils n'avaient pas les yeux adéquats : « L'affaire [relative à la coloration des animaux] était dans de mauvaises mains.

*. A. Thayer, « Introduction », p. 3.

Comme elle concernait les animaux, elle était naturellement considérée comme relevant du domaine des zoologistes. Néanmoins, elle appartient en propre au champ de l'art pictural et ne peut être interprétée que par des peintres. Comme il s'agit d'illusions optiques, nous avons affaire à l'essence même de la vie de tout peintre. »

Thayer compare un peu plus loin la « Nature » (qu'il personnifie grâce à la majuscule) à un peintre, expliquant que des « motifs trompeurs [sont] peints par la Nature sur l'extérieur de presque tous les animaux* ». Il compare la nature à un peintre, car elle aussi use des « trois grands facteurs de visibilité » : « Le jeu de l'ombre et de la lumière, la couleur et les lignes**. »

Thayer critiquait l'œil des zoologistes qui était insuffisamment exercé aux techniques de la perspective et de la contre-perspective, de l'illumination et de la contre-illumination. Il remettait aussi en cause leur environnement de travail, car les mécanismes de camouflage ne peuvent être étudiés qu'en plaçant les animaux dans l'environnement dans lequel ils doivent se cacher des prédateurs (pour pouvoir s'en défendre) ou des proies (pour pouvoir s'en approcher subrepticement).

Or, « les animaux sont très visibles lorsqu'ils sont vus depuis tout autre point de vue que le bon – les animaux blancs correspondant à la couleur du ciel sont très visibles

*. *Ibid.*, p. 6

**. G. Thayer, *Concealing Coloration in the Animal Kingdom*, p. 16. Abbott Thayer avait demandé à son fils, Gerald, d'écrire un livre présentant la théorie de l'ombre inversée et des motifs disruptifs.

sur la terre, la silhouette des animaux bruns correspondant à la couleur de la terre se distinguent clairement du ciel, etc. –, rendant caduc l'effet de leurs costumes magiques* ». En étudiant la coloration des animaux à partir d'images ou de modèles empaillés, c'est-à-dire à partir de spécimens abstraits de leurs biotopes, « posés sur un mauvais fond », les robes monochromes paraissent aux scientifiques moins tape-à-l'œil que celles tachetées, lignées ou en tons dégradés : « C'est ce que firent Darwin et Wallace qui ne comprenaient rien ni à l'effet des motifs, ni à celui des contrastes et des silhouettes. Ils commirent dès lors une erreur fondamentale en jugeant fortement visible ce qui, en réalité, l'est le moins du monde**. »

L'exemple le plus osé auquel songe Thayer est le paon. Les couleurs exubérantes du mâle furent une des motivations qui mena Darwin à sa théorie de la sélection sexuelle ; Wallace, quant à lui, élabora une théorie du surplus d'énergie que les mâles chercheraient à gaspiller, notamment en exhibant de telles couleurs***. Malgré les théories divergentes envisagées pour expliquer ce plumage, tous deux s'accordaient pour affirmer que cet oiseau était facilement visible, ce qui augmentait en conséquence les risques de prédation et allait donc frontalement à l'encontre de la théorie de la sélection naturelle.

*. A. Thayer, « Introduction », p. 11.

**. *Ibid.*, p. 12.

***. Sur l'histoire de cette controverse et le rôle qu'y a joué le paon, voir Richards, *Darwin and the Making of Sexual Selection*, chap. 12.

Mais le peintre était en un sens plus darwiniste que Darwin, car selon lui toutes les colorations animales, y compris celles exubérantes des paons, ne serviraient qu'à se protéger des prédateurs ou à se dissimuler pour approcher discrètement une proie : « Je pense, affirmait-il, que la loi des couleurs finira par être reconnue comme la forme la plus merveilleuse de la grande loi de Darwin*. » C'est probablement un peu par provocation que l'artiste mit en frontispice de *Concealing Coloration in the Animal Kingdom* la peinture d'un paon. Ce cas semble de prime abord ne pas cadrer du tout avec sa théorie du camouflage.

Illustration 9 : Thayer & Meryman, *Peacock in the Woods.*

*. A. Thayer, « The law which underlies protective coloration » (version 1902), p. 597.

La monomanie de Thayer cherchant à réduire toutes les colorations des animaux à un seul principe lui vaudra bien des railleries, notamment celles de Theodore Roosevelt qui était connu pour ses parties de chasse et ses connaissances naturalistes. Dans un compte rendu du livre de Thayer, il écrit : « La plus grande partie du travail de Thayer repose sur des expériences qui reviennent peu ou prou à mettre un corbeau ou une pie dans un seau à charbon afin de montrer que sa coloration le dissimule*. »

Roosevelt rétorquait que les fonds sélectionnés par l'artiste n'étaient pas idoines. Dans cette critique, l'enjeu que représente le point de vue chez Thayer est palpable : prendre en compte le point de vue des animaux, ceux des proies et des prédateurs qui se scrutent les uns les autres, consiste à étudier les animaux dans leur habitat. Une fois que les animaux sont placés sur le bon arrière-plan, le scientifique peut facilement se rendre compte de leur aspect visible ou non.

Dans certains cas, il faut en outre se mettre à la hauteur des animaux. Ainsi, lors d'une démonstration de l'effet obstruant des taches blanches sur l'arrière des chevreuils, Thayer demandait à l'assistance d'observer un modèle de taxidermie depuis le sol, parce que c'est dans cette position que les prédateurs se préparent à attaquer leur proie. Or, depuis ce point de vue, les bords de l'animal se confondent avec le ciel.

*. Roosevelt, « Revealing and concealing coloration in birds and mammals », p. 132.

Illustration 10 : Chevreuil empaillé vu depuis le bas.

Thayer considère les colorations animales comme des jeux de perspective ou plutôt de contre-perspective (car l'objectif semble être de ne pas faire apparaître la profondeur). Et, à l'instar des tableaux en perspective, les robes des animaux (considérées comme des peintures de la nature) ne peuvent être jugées que depuis un lieu bien précis.

Thayer prend en compte la perspective des animaux, mais il ne considère le point de vue que comme un « site », un « lieu », un « point » dans l'espace depuis lequel on perçoit le monde. Dans son commentaire philosophique,

Valérie Glansdorff souligne à juste titre le problème de la perspective chez Thayer, elle applaudit au passage l'originalité de cet artiste-zoologiste, mais elle ne soulève pas la singularité de sa conception de la perspective, à mi-chemin entre celle que l'on peut induire de la perspective linéaire de Brunelleschi et celle qu'on trouvera chez Caro*.

Une disposition grammaticale

Après le détour par les patates, les canards et les chevreuils de Thayer, revenons à nos zèbres. Sur la base de ce que nous avons expliqué ci-dessus, on ne s'étonnera guère que pour notre peintre zoologiste, les zébrures, comme toutes les autres robes animales, servent de camouflage pour se défendre des prédateurs. Dans le livre de 1909, son argument était assez sommaire. Le naturaliste considérait que les zèbres étaient particulièrement vulnérables aux attaques au moment où ils s'abreuvaient. Mais, justement, affirmait-il, « c'est probablement dans ces lieux d'abreuvement que les motifs zébrés sont le plus utiles. De près ou de loin, l'œil à l'affût du chasseur (animal ou humain) ne verra probablement rien ou simplement des roseaux là où il aurait aperçu le contour d'un zèbre [si celui-ci n'avait été camouflé par ses raies]**. »

*. Glansdorff, « Une question de perspective ».

**. G. Thayer, *Concealing Coloration in the Animal Kingdom*, p. 136. Shell lie le concept de « moment crucial » chez Thayer à ses techniques d'étude privilégiées, la photographie et la peinture, qui fixent le mouvement. Voir Shell, *Ni vu ni connu*, chap. 1.

C'est néanmoins cet exemple, plus que tout autre, qui fut sévèrement critiqué par Roosevelt dans un article commentant le travail de Thayer. Le président-naturaliste rédigea ce long article (de plus de cent pages) à son retour d'une expédition de près de deux ans à travers l'Afrique. Il y expliquait que : « Sur une grande plaine recouverte d'herbe de deux ou trois pieds de hauteur, tout zèbre, gnou, topi, bubale, éland, gazelle ou oryx, sera détecté immédiatement, car ces animaux n'ont aucune volonté de se cacher et se tiennent d'ailleurs debout* » ; « C'est un état de fait, dit l'homme politique, que la coloration des zèbres n'est pas protectrice** » ; « Dans les faits, les ingénieuses théories de M. Thayer pour expliquer comment les rayures rendent le zèbre invisible sont dépourvues de tout fondement factuel*** », insistait-il encore.

Pour défendre son idée et en réponse à cette critique, Thayer construisit « un zèbre et un âne artificiels**** ». Il s'agissait de deux planches découpées formant un même profil d'équidé, mais l'une fut peinte d'un ton monochrome (à la mode des ânes) et l'autre avec des zébrures. Sur la première photographie, prise à hauteur d'yeux humains, il semble évident que les zèbres sont plus visibles que les ânes.

*. Roosevelt, « Revealing and concealing coloration in birds and mammals », p. 140.

**. *Ibid.*, p. 191.

***. *Ibid.*, p. 192.

****. G. Thayer, « Concealing coloration, an answer to Theodore Roosevelt », p. 319.

Cependant, au moment d'attaquer, les lions se trouvent à proximité des zèbres. Ils voient donc leur proie depuis le bas, argue le naturaliste. Or, à cette hauteur, c'est l'âne qui devient visible et le zèbre qui se fond dans les herbes, comme on peut s'en rendre compte sur la seconde photographie (où au premier coup d'œil on ne remarque pas la présence du zèbre). On voit donc qu'à quelques décennies d'intervalle, Thayer défendait la même idée que Wallace selon laquelle la fonction de cette robe rayée était le camouflage.

Illustration 11 : Modèles de zèbre et d'âne vus de la hauteur des yeux humains.

Illustration 12 : Modèles de zèbre et d'âne vus depuis le bas.

Dans une brève incise déjà citée, « les zèbres [...] sont étonnamment difficiles à voir à distance », Caro semblait au départ accepter les conclusions de ses prédécesseurs (résultat auquel se ralliait d'ailleurs également Hugh Cott, un autre grand nom de la biologie du camouflage*). Néanmoins, après cette première remarque incidente, Caro s'attela à la vérifier. Il voulait d'abord s'assurer que l'observation de Galton ainsi que les tests de Thayer étaient bien

*. Cott, *Adaptive Coloration in Animals.*

valides, surtout au regard des réserves de Roosevelt*. En outre, Caro voulait vérifier si les résultats du jeu informatique de Stevens, celui où les participants devaient tenter de toucher des « proies » en mouvement sur un écran d'ordinateur, concordaient avec les observations de terrain.

Pour cela, il pouvait d'abord recourir aux données qu'il avait recueillies dans le cadre d'une recherche antérieure. Dans les années 1990, alors qu'il étudiait l'abondance des mammifères à Katavi, il avait réalisé des « transects ». Ce terme technique désigne un type d'échantillonnage qui consiste à établir des parcours pour estimer l'occurrence d'un phénomène dans une zone donnée**. Concrètement, le scientifique avait parcouru une vingtaine de fois à très faible vitesse (moins de dix kilomètres par heure) diverses zones du parc. Chaque session durait quatre heures et était séparée des autres de dix-huit jours afin d'étudier la faune à différentes saisons de l'année. En plus de consigner le nombre d'animaux de chacune des espèces qu'il avait croisées, il avait noté la distance à laquelle ceux-ci se trouvaient de lui au moment de l'observation. En examinant à nouveau ces données, Caro se rendit compte qu'il

*. En réalité, comme le fait remarquer l'historienne de la biologie Mary Boynton, les critiques du président américain reposaient davantage sur ses convictions intimes que sur des observations étayées : « Les cent douze pages de l'article de Roosevelt révèlent le caractère d'un homme à l'esprit fermé ou, peut-être mieux même, d'un enfant qui tente de faire taire un autre enfant en criant : "Ce n'est pas ça". » Voir Boynton, « Abbott Thayer and natural history », p. 550.

**. Caro, « Abundance and distribution of mammals in Katavi National Park, Tanzania ».

avait aperçu davantage de zèbres à longue distance (à plus de 250 mètres) que d'autres grands mammifères tels les éléphants, les antilopes ou les impalas.

Cette observation suggérerait que les équidés rayés sont plus visibles que les autres espèces. Du moins, en journée. Or la suggestion de Galton portait sur la vision dans la pénombre. Pour tester cette hypothèse plus spécifique, il demanda à trois membres de son équipe de regarder, en matinée et en soirée, des zèbres et neuf autres grands mammifères : les éléphants, les buffles, les girafes, les hippopotames, les phacochères, les impalas, les reedbucks, les topis et les cobes à croissant (ces quatre dernières espèces appartiennent à la famille des antilopes). Ses collaborateurs communiquèrent ensuite à Caro celles de ces espèces qu'ils décelaient en premier le matin et en dernier le soir. Il s'avéra que les derniers à disparaître le soir et les seconds (juste après les cobes) à apparaître le matin étaient les zèbres.

Cette étude, basée sur les observations de trois humains répétées vingt-huit fois, remettait donc en cause la remarque de Galton. En effet, contrairement à ce qu'affirmait ce dernier, les zèbres se révélaient être très visibles même dans la pénombre. Une autre série d'expériences mit encore davantage en question l'affirmation de Galton. Caro bricola des modèles d'équidés en bois qui évoquent d'ailleurs les « modèles artificiels » utilisés par Thayer : certains étaient peints de façon monochrome, d'autres avec des raies. Pour « ajouter du réalisme » (selon les termes du scientifique*), il recouvrit ceux-ci tantôt d'un pelage de

*. Caro, *Zebra Stripes*, p. 121.

zèbre, tantôt de pelages d'impala (brun clair) ou de gnous (gris foncé).

Il cacha ces modèles à différentes distances, dans différents environnements du parc, à différentes heures de la journée. Il demanda ensuite à ses coéquipiers de les détecter. Il les réveilla parfois même pendant la nuit, ce qui lui coûta, comme il le raconte sur un ton mi-blague mi-sérieux, « du capital social car [ses] collègues ne comprenaient pas trop à quoi bon se réveiller en pleine nuit pour chercher des fourrures d'animaux* ». Dans ces diverses conditions expérimentales, que ce soit en journée, en soirée ou la nuit, c'étaient toujours les modèles de zèbres qui étaient les plus facilement retrouvés.

Tout ce travail, tous ces jeux de cache-cache sont bien nécessaires pour apprendre à se connaître, pour éprouver de quoi nos yeux sont capables. Ceux-ci se révèlent en tout cas plus performants que ce qu'estimait Galton. Mais, même si ce travail est mieux informé que l'observation de l'explorateur britannique et plus réaliste que les expériences sur écran d'ordinateur, il n'en reste pas moins que, jusqu'ici, Caro s'en tenait à penser le camouflage à travers des yeux humains.

C'était également le cas chez Thayer, car lorsqu'il affirmait qu'il fallait étudier les peaux animales depuis le bon point de vue et aucun autre, il se référait par là au site, à l'environnement, à l'habitat des animaux, mais pas à leurs manières de voir. À cet égard, la technique du pochoir est symptomatique : le naturaliste se rendait dans les biotopes

*. Caro, *Zebra Stripes*, p. 36.

des animaux et se mettait à leur hauteur pour tirer ses clichés. Dans ce cas-ci, on le remarque, le « bon point de vue » se résume au lieu (où il faut se rendre) et à la hauteur (à laquelle il faut se placer) ; en un mot, le « bon point de vue » est *situs* sans que rien ne soit précisé quant à celui qui regarde. Il faut cependant signaler une différence frappante entre Caro, d'une part, et Galton, Thayer et Stevens, d'autre part : les pages où il présente ses résultats sont parsemées de syntagmes adverbiaux tels « aux yeux des humains » ou « pour les humains »*.

Depuis les travaux pionniers de Franz Boas et d'Edward Sapir, les linguistes distinguent une classe grammaticale singulière dont on pourrait rapprocher ces syntagmes dispersés dans le discours de Caro. Il s'agit des marqueurs évidentiels qui indiquent la source et la teneur de l'information communiquée. Nous avons déjà suggéré un rapprochement entre le travail de Caro et la pensée amazonienne lorsque nous soulignions, dans l'introduction, son utilisation du concept d'espèce d'observateurs, un concept qui infléchit nos manières habituelles de définir les espèces par rapport à des critères morphologiques ou génétiques. Nous pouvons ici suggérer un second rapprochement, car les langues amazoniennes ont aussi été étudiées par les linguistes pour leur usage fréquent des marqueurs évidentiels.

*. Voir notamment : « *as far as* […] *human viewers were concerned* » (p. 28), « *to human observers* » (p. 31), « *for humans making observations at relatively close distance* » (p. 37), « *to the human eye* » (p. 49), « *for humans* » (p. 50).

Ainsi, si l'on demande à un locuteur matses, une langue panoane parlée en Amazonie péruvienne, combien il a de femmes, il répondra « *daëd ik-o-sh* » qu'on pourrait rendre en français par « j'en ai deux »*. Néanmoins, cette traduction ne respecte pas la grammaire d'origine où la réponse est donnée de manière impersonnelle (non pas « j'ai », mais « il y a » ou « il existe »). Pour respecter davantage la lettre, nous pourrions traduire ce syntagme par « il y en a deux », mais même cette forme-ci ne rend pas compte de la complexité de la phrase matses, car le « *o* » interposé entre le verbe (*ik*) et la terminaison de la troisième personne du singulier (*sh*) est un évidentiel qui signifie plus ou moins « en tout cas, c'était le cas la dernière fois que j'ai vérifié ».

Sans une telle indication, la phrase en matses serait tout simplement lacunaire (comme lorsqu'il manque un verbe conjugué ou un sujet en français). Bien que dans nos langues européennes, il n'existe en général pas de tels marqueurs évidentiels obligatoires, nous avons tout de même inventé des stratégies pour moduler les sources et la qualité des informations que nous transmettons : les « peut-être », « à mon avis », « à ce qu'il paraît » ou les « j'ai entendu dire ».

Même dans les langues comme le français dans lesquelles on peut passer sous silence les marqueurs évidentiels, on

*. Aikhenvald, « The grammar of knowledge », p. 6. Prêtant également attention aux règles grammaticales, Eduardo Viveiros de Castro présente le perspectivisme amazonien plus généralement. Voir Viveiros de Castro, « Les pronoms cosmologiques et le perspectivisme amérindien ».

ne cesse pas pour autant de constamment les exprimer : lorsqu'un locuteur français dit « j'ai deux femmes » (pour filer l'exemple que nous reprenons à la linguiste Alexandra Aikhenvald), il sous-entend « je suis sûr d'en avoir deux ». S'il en était moins sûr, il dirait plutôt « il me semble en avoir deux » ou « deux que je sache ».

Néanmoins, d'un point de vue pragmatique, expliciter les marqueurs évidentiels ou, plus généralement, les syntagmes évidentiels induit une certaine précaution quant aux informations transmises. Du fait même qu'elles sont accompagnées d'une réserve épistémique, celles-ci sont supposées devoir être vérifiées et mériteraient éventuellement d'être complétées par d'autres perspectives (en revanche, l'absence d'un tel syntagme pourrait laisser croire que l'énoncé est neutre). Ainsi, pour prolonger l'exemple amazonien, on pourrait demander à notre interlocuteur : « Et ton rival, lui, il pense que tu en as combien ? »

C'est exactement ceci qu'induisirent les syntagmes évidentiels chez Caro. En fait, on retrouve ceux-ci très tôt dans ses écrits sur les zèbres – en 2005, alors qu'il en était au tout début de ses recherches sur cette espèce animale, il mettait déjà en garde sur le fait qu'un « animal peut être visible pour les humains sans l'être pour des animaux non primates* ». Ce sont précisément ces syntagmes, disions-nous, qui l'invitèrent à vérifier si la proposition qui stipule que les zèbres sont fort visibles pour les humains vaut

*. Caro, « The adaptive significance of coloration in mammals », p. 127.

également pour les lions et pour les hyènes, les principaux prédateurs des zèbres.

Les fruits rouges du Costa Rica

Cette envie d'étudier les zébrures « à travers les yeux des prédateurs » est-elle propre à Tim Caro ? On pourrait avancer qu'elle était présente chez d'autres savants intéressés par le camouflage. Certes, Galton ne semblait pas trop se préoccuper des limites de la projection de sa propre vision sur celle des lions. Par contre, Wallace reconnaissait la diversité des capacités visuelles et suggérait même que celles-ci pouvaient avoir des effets sur les formes de camouflage*. Cependant, ces suggestions en restèrent au stade d'idées générales qui ne donnèrent pas lieu à des études plus approfondies.

Il en est de même des approches du sémioticien Thomas Sebeok. Dans son projet de construire une « zoosémiotique », une théorie du signe adaptée à tous les êtres vivants (humains, animaux, plantes, champignons, bactéries, etc.), celui-ci décrit le camouflage en tant que structure communicative. En l'occurrence, il conçoit l'imitateur (la proie qui cherche à éviter de se faire attraper) comme l'expéditeur du message. Le message serait, quant à lui, le mensonge : l'émetteur décline une fausse identité, il se fait passer pour un autre organisme (comme des phasmes qui

*. Wallace, « The colour sense ». Il tentait déjà d'évaluer la capacité à voir les couleurs des animaux notamment en se basant sur la présence de cônes dans leur rétine.

prennent l'apparence de branches) ou il se fond dans l'environnement (comme des lapins blancs qui se distinguent difficilement dans un environnement enneigé). Sebeok identifie le prédateur au récepteur de ces messages. C'est lui que la proie cherche à leurrer.

Ainsi, le sémioticien indique, par exemple, qu'une certaine mouche (*Spilomyia hamifera*) est « indiscernable » d'une espèce de guêpe (*Dolichovespula arenaria*). Cette indiscernabilité vaut « pour les prédateurs », sans préciser qui sont les prédateurs de cette espèce de mouche*. L'observation reste néanmoins d'ordre général et n'a guère poussé l'auteur à mettre à l'épreuve cette idée, à vérifier comment les prédateurs perçoivent dans les faits les mouches. Clairement, il y a un écart entre un vague « il faudrait prendre en compte les points de vue des animaux » et la mise en pratique effective d'une telle exigence perspectiviste.

Les auteurs de l'expérience sur ordinateur concernant l'effet disruptif des zébrures étaient également conscients de l'importance du système visuel des prédateurs pour étudier le camouflage. L'un d'entre eux était même l'auteur d'un article portant sur la relation entre la diversité des compétences visuelles chez les animaux et la variété des formes de camouflage**. Les scientifiques notaient d'ailleurs les limites de leur méthode : « Utiliser des humains

*. Sebeok, *I Think I Am a Verb*, p. 129 (dans ce passage, Sebeok discute un exemple de camouflage à la fois visuel et olfactif).

**. Stevens, « Predator perception and the interrelation between different forms of protective coloration ».

pour juger les marques d'animaux réels est souvent inapproprié à cause des différences entre les capacités visuelles des diverses espèces*. »

Ils défendent néanmoins leur procédure par plusieurs arguments :

– épistémologiques d'abord : « Les vertébrés partagent de multiples aspects de la vision spatiale, ce qui suggère que les principes généraux [de notre vision] valent dans de nombreux cas. » De façon parallèle, Thayer, qui ne considérait le point de vue des animaux que comme *situs*, affirmait : « Toutes les expériences confirment notre supposition que les yeux des humains et des animaux entretiennent des relations essentiellement similaires avec les vibrations lumineuses** » (mais il ne précise malheureusement pas de quelles expériences il parle) ;

– pratiques ensuite : en s'adressant aux humains et grâce au contrôle de la situation expérimentale que permet l'ordinateur, on peut obtenir des résultats plus simples à interpréter, car grevés de moins de variations. « Des expériences qui utiliseraient de vraies proies, expliquent les auteurs, introduiraient presque inévitablement des facteurs perturbants, par exemple à cause des variations dans les comportements des proies [certaines s'enfuient plus vite que d'autres] ou dans la valeur alimentaire qu'elles représentent pour les prédateurs [certaines proies aiguisent davantage que d'autres l'appétit des prédateurs]. » Si un

*. Stevens, *et al.*, « Dazzle coloration and prey movement ». Toutes les citations ci-dessous de cet article proviennent des pages 2639-2640.

**. A. Thayer, « Introduction ».

prédateur n'a pas attaqué une proie, comment s'assurer que c'est à cause d'une faiblesse visuelle et non d'un manque de motivation pour l'attaquer ?

– éthiques, enfin : « Notre dispositif expérimental évite des préoccupations éthiques propres aux expériences qui étudient des prédations réelles » (à l'opposé de prédations virtuelles sur un écran d'ordinateur), ce que Caro avait d'ailleurs appris à ses dépens quand il avait été confronté personnellement à ces questions éthiques lors du procès autour de ses recherches doctorales sur les comportements prédateurs des chats.

Il existe donc plusieurs raisons, plus ou moins valides, pour ne pas prendre en compte le point de vue des animaux. Des raisons épistémologiques, pratiques, éthiques, auxquelles nous pourrions encore ajouter la difficulté technique : comment faire ? Comment savoir ce que voient les animaux ? C'est une limitation de cet ordre qui explique pourquoi Wallace ne poussa guère plus loin ses réflexions sur les liens entre le camouflage et les capacités perceptives des animaux. Caro se heurta à cette même difficulté technique, mais ne se résigna pas si vite. Néanmoins, sans une heureuse rencontre en 2012 avec Amanda Melin, son désir de prendre en compte le point de vue des animaux – manifesté dans les syntagmes évidentiels qui parsèment ses travaux – ne se serait probablement pas concrétisé.

La rencontre de ces deux chercheurs marque en fait la confluence de deux lignées de recherche. Melin, la *lead author* de l'article sur les zèbres rédigé avec Caro, défendit sa thèse de doctorat en 2011 à l'université de Calgary, en Alberta (Canada). Dans sa recherche, réalisée sous la supervision de Linda Fedigan, elle avait entrepris de mettre en évidence les bénéfices évolutifs probables de la vision trichromatique comparés à ceux de la vision dichromatique chez les singes capucins du Costa Rica. Pour ce faire, elle observa trente-cinq singes durant treize mois*.

À partir de ses observations de terrain, elle put comparer la vitesse à laquelle ceux-ci attrapaient les fruits et les insectes. Parmi ces platyrhiniens, certains étaient dichromates, d'autres trichromates. Contre toute attente, ses observations tendaient cependant à relativiser l'hypothèse classique qui lie la vision trichromatique chez certains primates à leur alimentation prioritairement frugivore, car les capucins trichromates n'attrapaient pas davantage de fruits rouges que leurs congénères dichromates.

Sur le terrain, Melin ne put donc établir une corrélation entre les aptitudes visuelles des singes et leur performance en matière de cueillette. Mais ne serait-ce pas dû au fait que les singes dichromates compensent leurs difficultés visuelles en s'approchant davantage des fruits, en se basant sur leur taille pour juger de leur maturité, en se fiant plutôt à l'odorat, etc. ? Pour évaluer plus directement l'avantage de la trichromatopsie, la primatologue décida de tester les compétences relatives à la cueillette chez des humains**.

Pour cela, elle mit au point un jeu d'ordinateur – les scientifiques adorent, semble-t-il, les jeux d'ordinateur.

*. Pour les résultats, voir Melin, *et al.*, « Polymorphic color vision in white-faced capuchins ».

**. Melin, *et al.*, « Food search through the eyes of a monkey ».

Ce dernier ressemblait en fait à celui conçu par Stevens et ses collègues qui visait à tester l'effet *dazzle* des zébrures. Melin avait collectionné des photographies de fruits au cours de son terrain costaricain. Elle montra à une cinquantaine d'étudiants canadiens ces images à l'échelle 1:1 (les fruits sur l'image ayant la même taille que lorsqu'ils sont vus à une quarantaine de centimètres, c'est-à-dire la distance habituelle de cueillette pour les singes capucins). Sur l'écran tactile, les participants devaient indiquer les fruits qu'ils détectaient et qu'ils estimaient mûrs.

Comme dans le jeu sur les zébrures où les participants se mettaient à la place des prédateurs (ils endossaient le rôle des lions ou des hyènes, même si ce n'était pas dit explicitement), il est ici aussi question d'humains qui jouent à être des animaux : en l'occurrence, des singes capucins en train de cueillir des fruits. Néanmoins, il y a une différence notable. Pour tenter de reproduire la variété visuelle des singes capucins, Melin traita les images de telle sorte que certains joueurs voient les fruits de façon trichromatique (la vision humaine normale), d'autres de façon dichromatique (et certains même de façon achromatique).

Ici, il n'est donc plus tout à fait question de projeter purement et simplement la vision humaine sur celle des singes, mais plutôt de transformer la vision humaine en la filtrant afin de rendre cette projection plus aisée. Ainsi, dans cette étude, ce sont moins les yeux humains que ceux des capucins qui sont en jeu. C'est ceci qui amena la biologiste à intituler son article « La cueillette de fruits à travers les yeux d'un singe ».

Illustration 13 : Photographie de figues rouges du Costa Rica, sans traitement (a), en renforçant le rouge et le jaune (b), en simulant la dichromatopsie (c) et en simulant l'achromatopsie (d) (l'image en couleur est reprise sur la troisième de couverture).

On remarque que ce titre est analogue à celui de l'article qui sera publié trois ans plus tard en collaboration avec Caro où l'on trouve la planche du zèbre, « Les raies des zèbres à travers les yeux de leurs prédateurs ». Il n'existe que très peu de titres de publications en biologie qui contiennent cette formule, « *through the eyes of* », « à travers les yeux de ». Une recherche sur Google Scholar ne donne qu'une quinzaine de résultats, dont deux sont cosignés par Melin*.

*. En inscrivant dans Google Scholar les mots de recherche « *through the eyes of* », sur les cent premiers résultats, seuls deux portent sur des

Dans son article sur la vision des singes, Melin suggérait que la trichromatopsie confère bien un avantage pour la cueillette, car les participants qui jouaient avec des images trichromatiques touchaient plus rapidement les fruits mûrs qui y étaient représentés que ceux qui réalisaient le même exercice avec des images dichromatiques. Si on ne constate pas cet effet dans les paniers des singes au Costa Rica, c'est probablement dû à des comportements compensatoires. Or, les participants à son test sur ordinateur n'ont pas pu acquérir de telles stratégies compensatoires dans le court laps de temps que dura l'expérience. D'ailleurs, les six humains dichromates de naissance qui avaient également participé au test détectaient les fruits mûrs mieux et plus vite que les « bienvoyants » qui devaient évaluer des images dichromatiques. Ceci suggère donc que l'on acquiert des compétences compensatoires lorsqu'on vit avec de telles limitations visuelles.

Les filtres que Melin appliquait sur les images étaient relativement simples, car dans le cadre restreint de son étude, seul un aspect de la perspective visuelle des singes était pris en compte : la perception chromatique. On sent ici aussi à quel point le comment (comment prendre en compte une perspective ?) répond au pourquoi (pourquoi prendre en compte une perspective ?). Dans le cadre de

yeux d'animaux, la plupart concernant des groupes humains comme dans les titres : « Le stress adolescent à travers les yeux de jeunes à haut risque » ou « Une belle visualisation : regarder les données à travers les yeux d'un expert ». En ajoutant à la requête le terme « animal », nous ne trouvons que quelques références dont certaines que nous commenterons plus bas.

sa recherche sur les capucins, il suffisait à Melin de retirer certains spectres chromatiques pour reproduire de façon plus ou moins fidèle les visions dichromatique et trichromatique que l'on trouve chez les capucins (les images achromatiques, quant à elles, permettaient de montrer l'avantage de la vision chromatique en général par rapport à la vision achromatique). Mais comment Melin savait-elle que certains singes étaient dichromates et d'autres trichromates ?

D'ordinaire, on se rend compte des limitations visuelles grâce à des différences comportementales. Or, les observations de terrain de la primatologue montraient précisément qu'on ne remarque pas si aisément de telles différences. Pour établir les compétences visuelles des singes, elle s'est donc basée sur des études génétiques et expérimentales réalisées quelques années avant le début de sa recherche. L'analyse génétique montrait que certaines femelles capucines avaient les gènes qui codent la production d'une opsine que l'on retrouve chez les humains trichromates, mais qui est absente chez les dichromates*.

Cette observation génétique suggère que ces femelles sont capables de voir les couleurs comme les humains « bienvoyants ». D'ailleurs, ce résultat a pu être corrélé à

*. Parmi ces singes, seules certaines femelles sont trichromates, car l'allèle codant, en plus d'être situé sur le chromosome X, est récessif. Phénotypiquement, le trait n'apparaît donc que chez les singes qui ont cet allèle sur les deux chromosomes X. Or, comme les mâles ont une paire de chromosomes XY (et non XX), ce trait n'apparaît jamais chez eux.

des différences comportementales en laboratoire. Dans un tel environnement où les attitudes compensatoires sont moins susceptibles de se manifester, les singes porteurs de ce gène parvenaient à trouver plus rapidement des fruits rouges placés sur un fond vert*.

Il s'agit là des questions qui préoccupaient déjà Melin avant sa collaboration avec Caro. C'est dans le cadre de ses recherches sur les compétences visuelles des singes qu'elle mit au point ses premières images perspectivistes et mit à profit un arsenal de petites techniques pour déduire des compétences visuelles chez des animaux : des études génétiques, des descriptions anatomiques (la présence ou non de certaines cellules), des observations de terrain ou des expériences de laboratoire (où l'on détecte par exemple des différences comportementales entre différents animaux), etc. Dans leur étude sur les zèbres (où il ne s'agit plus de reproduire des perspectives de primates, mais plutôt celles de lions et d'hyènes), Melin et ses collègues se fièrent à des techniques similaires.

Dans l'œil des félins

Pour construire des images qui reproduisent la vue des lions et des hyènes, Melin, assistée par Chihiro Hiramatsu et Donald Kline, s'est basée sur des considérations anatomiques et comportementales comme elle l'avait fait

*. Saito, *et al.*, « Demonstration of a genotype-phenotype correlation in the polymorphic color vision of a non-callitrichine New World monkey ».

dans l'étude sur les singes du Costa Rica. Cette fois, il ne s'agissait cependant plus de déterminer si ces prédateurs voyaient en couleur ou non (comme la plupart des mammifères, les félins sont dichromates), mais bien d'établir s'ils étaient capables de discerner les zébrures. Depuis les années 1970, les ophtalmologues testent la sensibilité aux contrastes tout en distinguant celle-ci de l'acuité visuelle à proprement parler.

Cette dernière est la compétence visuelle que l'on teste le plus communément en demandant à une personne de lire un tableau où sont disposées des lettres de taille décroissante (il s'agit du principe des tests de Parinaud, de Monoyer ou de Snellen). Dans la mesure où ce test ne peut évidemment pas être utilisé avec des personnes analphabètes ou des enfants, on présente le plus souvent à ces derniers des dessins de fruits en leur demandant ce qu'ils aperçoivent.

Cependant, cette technique verbale fonctionne difficilement avec des animaux dans la mesure où le truchement d'un langage ou d'un procédé qui en tient lieu ne semble envisageable qu'avec de rares espèces. Certains éthologues ont bien tenté de le mettre en œuvre avec des grands singes, mais les résultats se sont révélés mitigés. Cette approche, qui exige de grands efforts comme le relate le philosophe de l'éthologie Dominique Lestel, n'a jamais été tenté avec d'autres espèces (si ce n'est peut-être avec les perroquets d'Irene Pepperberg)*.

*. Lestel, *Paroles de singes*. Sur les expériences de Pepperberg, voir Despret, *Quand le loup habitera avec l'agneau*, chap. 9.

On retombe donc ici sur la question éminemment pratique qui traverse le perspectivisme. Le philosophe David Lapoujade l'a d'ailleurs très clairement énoncée. Reprenons sa formulation : « [Dès lors] comment faire ? Comment faire voir ces perspectives* ? » Comment Melin et Caro s'y sont-ils pris pour « faire voir » la perspective des félins ?

Dans leur article, ils se réfèrent notamment à une étude sur l'acuité visuelle chez les chats**. Samuel Jacobson et ses deux collègues ont placé des chats, un à un, dans une boîte où ils pouvaient laper tranquillement du lait. Celle-ci était équipée d'un petit écran sur lequel des images étaient projetées (une sorte de minuscule salle de cinéma). Les expérimentateurs habituèrent les chats à ne pas lécher le lait à la vue de certaines images : concrètement, chaque fois qu'un type déterminé d'images apparaissait et que les chats buvaient, ils recevaient un petit choc électrique (il s'agissait en quelque sorte d'un précurseur du cinéma immersif où l'on fait trembler les sièges en fonction de l'action qui se déroule à l'écran***).

*. Lapoujade, *Les Existences moindres*, p. 40.

**. Jacobson, *et al.*, « Visual acuity of the cat ».

***. La spécialiste du cinéma Inga Pollmann compare également au cinéma immersif des expériences similaires réalisées par Jakob von Uexküll (un éthologue que nous aborderons plus loin). Voir Pollmann, « Invisible worlds, visible », p. 801 : « L'escargot dans l'expérience [...] fait songer de plusieurs façons à un spectateur dans un film immersif. » Voir aussi Pollmann, *Cinematic Vitalism*. Notons que le succès de cette technologie n'est pas encore au rendez-vous, même chez les humains.

Les chats apprirent assez rapidement à faire l'association entre certaines images et le choc électrique. Ils arrêtèrent dès lors de laper le lait lorsqu'ils voyaient les images menaçantes. Lorsque l'association image-électricité fut bien acquise, les éthologues rapetissèrent peu à peu les images projetées. Si un chat lèche le lait alors qu'une image liée au choc électrique passe sur l'écran, c'est qu'il ne parvient plus à la discerner, estimaient les chercheurs. Ils pouvaient ainsi en inférer le seuil d'acuité visuelle des chats.

Néanmoins, les compétences visuelles ne se réduisent pas à la seule question de l'acuité. Par exemple, il est possible de voir des objets sans pour autant être capable de distinguer les parties qui le composent. Ainsi, on peut avoir l'impression qu'une image est complètement noire, alors qu'en s'en approchant on se rend compte qu'elle est composée de pixels distincts les uns des autres. À partir de quelle distance entre les points discerne-t-on des pixels plutôt qu'un objet monochrome ?

Le test typique pour évaluer la sensibilité au contraste chez les humains consiste à montrer un écran avec plusieurs carrés dont un seul est rayé. On demande à la personne testée d'indiquer où se trouve ce dernier : en haut, en bas, à gauche ou à droite ? Peu à peu, les raies se rapprochent, deviennent plus difficilement discernables. Au moment où la personne se trompe, on estime qu'on a atteint son seuil de sensibilité aux contrastes.

Mais comment évaluer ce seuil chez des animaux ? Suivant un protocole analogue à celui utilisé pour évaluer l'acuité visuelle des chats, Randolph Blake put établir la distance minimale entre deux lignes que peuvent encore distinguer les chats*. Si Melin et ses collègues se réfèrent si souvent à des études sur les chats, c'est parce qu'il est beaucoup moins commode de réaliser des tests semblables avec des fauves.

Aussi, pour construire leurs photographies perspectivistes, les auteurs se basèrent sur des comparaisons avec les chats qui, on le conçoit, sont les félins les plus accessibles et donc les mieux connus. Ils défendirent leur méthode en mentionnant des données physiologiques : « En première approximation, cette approche est raisonnable, estiment les biologistes, puisque les lions et les hyènes ont une morphologie rétinienne globalement similaire à celle des chats, notamment en ce qui concerne la topographie et la densité des cônes rétiniens**. »

Ils notent d'ailleurs qu'ils n'auraient pas pu projeter de la même manière les compétences perceptives des chats sur celles des guépards, car ceux-ci ont une densité de cônes plus importante. Ils ont néanmoins adapté les compétences des différents félins en fonction du diamètre de l'axe oculaire, les lions et les hyènes ayant des yeux un peu plus grands que ceux des chats.

Au cours du XXe siècle, nombreux sont les biologistes, mais aussi les philosophes des sciences qui critiquaient l'anthropomorphisme sous toutes ses formes dans la mesure où celui-ci biaisait nécessairement et sévèrement la recherche éthologique. Ils jugeaient la tendance à projeter des compétences humaines sur les animaux comme « un

*. Blake, *et al.*, « Visual resolution in the cat ».

**. Melin, *et al.*, « Zebra stripes… », p. 5.

grave péché » opposant un obstacle majeur à la constitution d'une véritable science*.

Des positions plus nuancées ont néanmoins émergé. Ainsi, l'éthologue Gordon Burghardt propose d'appeler « anthropomorphisme critique » l'anthropomorphisme dont l'usage est limité par des expériences ou des observations (l'éthologue Frans de Waal adopte une posture similaire). Dans le cas de Melin et Caro, il ne s'agit toutefois pas tant d'anthropomorphisme que d' « ailuromorphisme ». En effet, on ne projette plus les compétences visuelles des humains sur celles des lions et des hyènes, mais bien celles des chats (*ailouros* en grec). Cet « ailuromorphisme » doit rester critique comme l'anthropomorphisme, c'est-à-dire contraint par des observations comportementales et des comparaisons anatomiques. Comme toute projection, l' « ailuromorphisme » n'a qu'une pertinence relative.

Grâce à ces tests sur les chats et à ces projections ailuromorphes, Melin et ses collègues purent ensuite construire leurs belles images perspectivistes et conclure sur base de celles-ci que les zébrures ne peuvent servir de camouflage pour se dissimuler des lions et des hyènes. En effet, ceux-ci ne distinguent les raies que très près de leurs proies potentielles, bien après avoir entamé leur course d'attaque**.

*. Pour une histoire succincte de l'utilisation, de la critique et de la défense de l'anthropomorphisme en éthologie, voir Burghardt, « Anthropomorphism », d'où nous tirons la citation.

**. Notons que, malgré l'expression consacrée « avoir un œil de lynx », cette espèce n'a pas une vision particulièrement perçante. La

Ces mêmes données permettent à Caro de rejeter également l'hypothèse inverse (qu'à vrai dire, peu de biologistes ont défendue) selon laquelle les raies serviraient non pas à se cacher, mais à effrayer les prédateurs. Les rayures constitueraient un type particulier d'aposématisme qui, pour rappel, est un terme technique désignant un mécanisme de défense qui consiste pour une proie à paraître dangereuse ou venimeuse, par exemple lorsqu'un chat hérisse ses poils afin de paraître plus gros qu'il n'est. Pour effrayer son prédateur, la proie doit être perçue par celui-ci ; en d'autres termes, l'aposématisme ne fonctionne que si la proie potentielle est vue à temps par le prédateur.

Or, le travail de Melin et Caro suggère que les lions et les hyènes ne distinguent qu'à une très courte distance les zébrures, bien trop tard pour avoir un quelconque effet dissuasif. Ces prédateurs utiliseraient d'ailleurs amplement l'ouïe et l'odorat pour détecter la présence de leurs victimes. Dans ce sens, Caro cite la remarque suivante, datant de 1908, du naturaliste Frederick Selous : « Puisque, toutefois, les zèbres ont une très forte odeur et que les lions les chassent généralement par l'odorat durant la nuit, je ne peux concevoir que les lions accordent une quelconque importance à leur coloration, que celle-ci soit visible ou non* » (on ne s'étonnera guère que le livre où apparaît cette observation, *African Nature Notes and Reminiscences*,

formule semble découler d'une confusion entre le nom du pilote des Argonautes, Lyncée, et le nom du félin (même s'il se peut que Lyncée tienne lui-même son nom des lynx, car dans l'Antiquité grecque ces félins étaient déjà considérés à tort comme ayant une vue aigüe).

*. Cité par Caro, *Zebra Stripes*, p. 50.

soit préfacé par Roosevelt, un ami de Selous, tous deux critiques de l'hypothèse de Galton et de Thayer).

La reprise de Caro et Melin de la remarque de Selous sur les compétences olfactives et auditives des lions et des hyènes remet incidemment en cause le statut supérieur de la vision dans la « hiérarchie des sens », celle-là même qui structure la philosophie occidentale depuis Platon au moins. Chez ce dernier, on trouve l'idée clairement « visiocentriste » selon laquelle « la vision est la plus fine des perceptions* ». Dans la même veine, Aristote écrit, dès les premières lignes de la *Métaphysique,* que « nous préférons la vue pour ainsi dire à toutes les autres [sensations]** ».

À l'instar des philosophes, les biologistes ont aussi le plus souvent privilégié la modalité visuelle dans leurs études. Aussi, il n'y a rien d'étonnant à ce qu'un peintre comme Thayer défende de façon explicite la prévalence de la vision. Toutefois, la manière dont ce dernier la défend est tout autre que celle qu'adopterait un philosophe. Par exemple, dans un article intitulé « La noblesse de la vision », Hans Jonas soutenait que la vision revêtait des « vertus » particulières, notamment celle d'instaurer une distance entre l'objet et le sujet, à l'inverse du toucher ou de l'ouïe***.

La différence de teneur est on ne peut plus claire entre cette manière de défendre la vision (en évoquant des « vertus épistémiques ») et celle de Thayer (en la présentant comme un outil indispensable pour la survie). Le

*. Platon, *Phèdre*, 250d (traduction légèrement modifiée).

**. Aristote, *Métaphysique*, 980a25.

***. Jonas, « The nobility of sight ».

naturaliste estimait que si l'odorat et l'ouïe mettent les prédateurs sur la piste des animaux qu'ils chassent, « dans la grande majorité des cas, la vue est le sens qui décide en dernière instance du destin de la proie* ». Et Thayer d'insister : « Si un puma, un loup ou un renard n'avaient pas d'yeux, ils mourraient. »

L'étude de Melin et Caro sur les zèbres ne contredit pas cette affirmation aux accents quelque peu péremptoires (personne, en effet, n'a jamais dit que les lions ou les hyènes vivraient mieux sans yeux), mais elle invite néanmoins à la moduler en recherchant plus précisément à quels moments, dans quelles situations, la vue de telle ou telle espèce peut s'avérer utile, bénéfique ou nécessaire.

Caro et Melin avancent simplement que les lions et les hyènes ne semblent pas se baser sur la vision pour sélectionner les zèbres qu'ils s'apprêtent à attaquer. Ils ne disent rien des autres situations où la vision pourrait éventuellement s'avérer essentielle. Ce caractère très situé de la critique du visiocentrisme chez Caro et Melin, « sans tambour ni trompette », la rend, à notre avis, d'autant plus juste et pertinente**.

*. A. Thayer, « Introduction », p. 3.

**. Baptiste Morizot nous rend attentifs aux situations dans lesquelles des transformations ont lieu alors même qu'on ne s'en rend pas nécessairement compte. Voir, par exemple, Morizot, *Raviver les braises du vivant*, p. 97 : « C'est toujours la rencontre locale et conjoncturelle, sur un sol, de plusieurs idées d'apparence discrètes, qui prises ensemble sont profondément transformatrices – mais sans tambour ni trompette. »

3

Un imagier des mondes invisibles

Où l'étude comparée du cas de Brunelleschi et de celui de Caro nous amène à les mettre en rapport aux productions graphiques de Jakob von Uexküll et de Guillaume Duprat. Celles-ci constituent, à côté du perspectivisme architectural et du perspectivisme éthologique, une autre version du perspectivisme qu'on pourra appeler laudatif ou pédagogique.

Des yeux, des yeux variés

Un aphorisme de Friedrich Nietzsche semble parfaitement convenir à l'approche perspectiviste de l'étude de Tim Caro et Amanda Melin : « Plus nous savons engager d'yeux, d'yeux variés sur [une] chose, plus solide devient notre "concept" de cette chose*. » En changeant les notions

*. Nietzsche, *Généalogie de la morale*, livre 3, §12, traduction de Gratien. Plus avant, nous commenterons plus précisément cette traduction en la comparant à d'autres.

génériques par des termes spécifiques, cette proposition nietzschéenne pourrait pratiquement servir de résumé de la méthode adoptée par l'équipe d'éthologues : « Plus nous savons engager d'yeux, d'yeux variés sur les zébrures, plus solide devient notre "concept" (notre "connaissance", notre "compréhension") des zébrures. » En effet, en prenant en compte le point de vue des lions et des hyènes, Caro et Melin purent rejeter deux hypothèses concernant les fonctions des zébrures : celle du camouflage, qui était dominante en biologie depuis plus d'un siècle, et celle de l'aposématisme.

Que le philosophe allemand intervienne dans une recherche sur le perspectivisme n'est en soi pas étonnant, car c'est à lui qu'on attribue l'invention du terme *perspektivismus**. Jusqu'ici, je me suis permis d'utiliser ce terme sans même avoir mentionné son nom car, d'une part, ce néologisme n'a rien de foncièrement original pour le XIXe siècle, une époque où les terminaisons en -isme étaient devenues monnaie courante** et, d'autre part, parce que Nietzsche lui-même ne revendiquait pas cette paternité.

Si nous ne mentionnons le philosophe qu'à ce stade, ce n'est pas en tant qu'il serait le « père » du perspectivisme (il ne l'est pas), mais simplement parce que son remarquable aphorisme nous servira de guide pour commencer

*. Pour une présentation succincte du perspectivisme en philosophie, en lien particulièrement avec Nietzsche, voir König, « Perspektive, Perspektivismus, perspektivisch ».

**. Voir la notice « Construction en -isme » dans la rubrique « Dire, ne pas dire » du site internet de l'Académie française.

à caractériser et à comparer les deux formes de perspectivisme que nous avons croisées jusqu'à présent, le perspectivisme éthologique de Caro et Melin et le perspectivisme pictural de Brunelleschi.

La formule de Nietzsche nous permet en effet de souligner le caractère épistémique du perspectivisme : le perspectivisme participe à des projets de construction de connaissance. On retrouve cet aspect épistémique du perspectivisme dans d'autres recherches en éthologie. Ainsi, dans une étude publiée en 2009, Chuan-Chin Chiao et ses collègues suivirent une structure argumentative fort similaire à celle de Caro et Melin.

Cette équipe étudiait les taches sur le corps des araignées orbitèles *Nephila pilipes*, c'est-à-dire des araignées qui tissent des toiles en forme circulaire (l'adjectif « orbitèle » venant du latin *orbis*)*. Les auteurs cherchaient à déterminer si ces taches attirent les abeilles. Pour répondre à leur question, ils conçurent une caméra qui transformait les rayons ultraviolets en pseudo-couleurs. En d'autres termes, pour chaque valeur de rayons UV (des rayons qui ne sont pas visibles pour les humains mais bien pour les abeilles), ils associèrent conventionnellement des couleurs visibles pour les humains.

L'utilisation de pseudo-couleurs ne permet pas de voir comme une abeille, car les pseudo-couleurs ne sont pas à proprement parler des couleurs ultraviolettes. Néanmoins, la procédure que Chiao et ses collègues ont mise au point

*. Chiao, *et al.*, « Visualization of the spatial and spectral signals of orb-weaving spiders through the eyes of a honeybee ».

permet de se faire une idée des formes que perçoivent ces insectes. En effet, les pseudo-couleurs rendent compte d'un aspect de la vision, la perception des formes. Cette façon de procéder s'avérait suffisante dans le cadre de cette recherche qui visait à déterminer si, pour les abeilles, les traces sur le corps des araignées apparaissent comme des fleurs.

Il semble que ce soit effectivement le cas, les araignées attirent les abeilles dans leurs toiles grâce à leur parure. À ce titre, dans leur conclusion, les auteurs insistaient : « Il est essentiel de mesurer les signaux visuels (de l'émetteur) tels qu'ils sont vus par les yeux des observateurs (le récepteur)*. » Bien que le vocabulaire soit très proche de celui de Sebeok, le travail expérimental qui le sous-tend creuse une différence notable.

L'étude de Chiao et ses collègues permet de souligner, une fois de plus, que les situations dans lesquelles émerge le problème perspectiviste cadrent les manières d'y répondre. En d'autres termes, les situations problématiques exigent que l'on invente chaque fois à nouveaux frais des manières de prendre en compte les points de vue à « la hauteur du problème ». Il n'y a pas une manière absolue et universelle de prendre en compte une perspective donnée ou, pour reprendre l'expression de Nietzsche, « d'engager » ou « d'activer des yeux » (*augen einsetzen*).

Et pour cause, dans les travaux sur les zébrures, ce qui importait, c'était la sensibilité aux contrastes des lions et des hyènes ; dans l'étude de Melin sur l'avantage de la

*. *Ibid.*, p. 2275.

trichromatopsie, c'était la perception des couleurs et dans celle de Chiao et ses collègues, la perception des rayons UV (pour déterminer la reconnaissance des formes). Dans d'autres recherches, telle celle de Paul Miller et Christopher Murphy, c'est l'acuité visuelle qu'il convenait de considérer. Ces deux chercheurs étudiaient la vision en lien avec les comportements des chiens dans des environnements urbains*. Sur une image perspectiviste, on voit par exemple comment ils perçoivent une route près de la mer.

Abbott Thayer conférait un sens très concret à l'idée de « se montrer à la hauteur d'un problème ». En effet, dans ses recherches, ce qui importait, c'était la hauteur des yeux des prédateurs ; il s'accroupissait donc pour se mettre à leur niveau**. Dans une même veine, Sarah-Elizabeth Byosiere, par exemple, tâche de reproduire le point de vue des chiens de différentes tailles en juxtaposant sur une même planche quatre photographies d'une même table prises depuis une hauteur différente : (a) à 20 centimètres, (b) à 53 centimètres, (c) à 66 centimètres et (d) à 168 centimètres de hauteur, ce qui correspond respectivement à la

*. Miller & Murphy, « Vision in dogs ».

**. Même si dans le cas de Thayer l'expression « se montrer à la hauteur » prend un sens très concret, on aurait néanmoins tort de limiter sa signification à une hauteur physique. L'expression, qu'on croise régulièrement chez la philosophe des sciences Isabelle Stengers, permet surtout de produire une alternative à l'idée de « prendre de la hauteur » (un autre mouvement qu'on associe souvent aux pratiques scientifiques qui devraient permettre de maintenir une distance par rapport aux problèmes posés afin de mieux les comprendre).

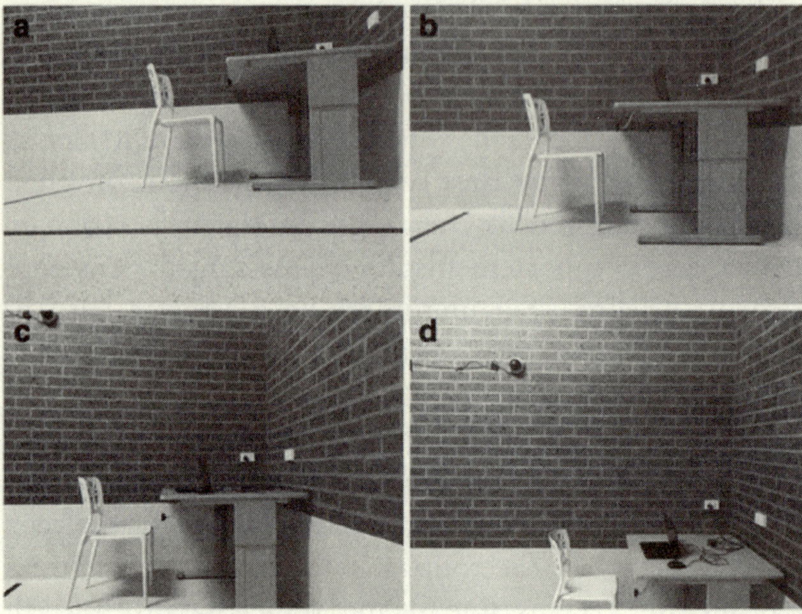

Illustration 14 : Quatre perspectives sur une même table vue à 20 cm (a), à 53 cm (b), à 86 cm (c) et à 167 cm (d) au-dessus du sol.

hauteur des yeux d'un petit, d'un moyen et d'un grand chien, et d'un humain*.

L'éthologue a inséré cette planche dans un article dans lequel elle discute de tests récents cherchant à étudier les compétences cognitives des chiens. Un de ces tests consiste par exemple à évaluer si les chiens sont capables de suivre une direction indiquée par un signe de la main d'un humain. Les chiens réussissent globalement mieux cet exercice que d'autres mammifères.

*. Byosiere, *et al.*, « What do dogs see? ».

Néanmoins, on constate qu'il existe des variations importantes entre les chiens, certains réussissant bien mieux que d'autres. Ces variations semblent corrélées à leur taille, ce qui implique qu'il est indispensable de prendre en compte la hauteur des yeux dans les expériences psychologiques proposées avec des chiens. De fait, comme on peut le voir sur la planche de Byosiere, ce que l'on perçoit dans une situation donnée change fortement en fonction de la hauteur du point de vue. Le simple fait, pour un petit chien, de voir un meuble ou un humain depuis le sol modifie les interactions possibles qu'il peut entretenir avec eux.

On pourrait dire que le perspectivisme en éthologie permet de mieux connaître les zébrures ou les parures d'araignées autant qu'il nous amène à mieux comprendre les comportements des chiens dans la rue ou dans un appartement. C'est en cela que le perspectivisme éthologique recouvre une dimension épistémique. Le perspectivisme pictural remplit lui aussi une fonction épistémique. Ainsi, c'est dans le cadre de ses recherches architecturales que Brunelleschi mit au point sa technique. Il n'est dès lors pas étonnant que ce soit dans ce domaine qu'on ait encore et toujours le plus souvent recours à cette technique.

En réalité, le modèle architectural sert souvent d'exemple paradigmatique pour présenter le perspectivisme : le baptistère (pour reprendre l'exemple de Brunelleschi) ne peut être vu que depuis un certain point de vue ; il est impossible de le voir depuis nulle part. Dans le cas contraire, ce serait, comme l'affirme Nietzsche, « nous demander de concevoir un œil qui est absolument inconcevable, un œil qui n'a pas du tout de direction* ». Brian Leiter, qui commentait l'aphorisme de Nietzsche avec lequel nous avons ouvert cette section, reformulait l'idée du philosophe de la façon suivante : « Nécessairement, on voit un objet depuis un point de vue particulier, par exemple, sous un certain angle, depuis une certaine distance, dans certaines conditions**. »

L'aphorisme nietzschéen pourrait correspondre tout aussi bien au cas Tim Caro qu'à la recherche architecturale, pour peu toutefois que nous en fassions varier la traduction. Alors que nous avons recouru à la traduction de Jean Gratien lorsque nous parlions de l'étude de Caro et Melin, celle d'Éric Blondel correspond mieux au cadre architectural dans la mesure où elle rend *augen* par « regards » plutôt que par « yeux » : « Il n'y a de vision qu'en perspective, de "connaissance" que perspectiviste ; et plus nous laissons parler les affects sur une chose, plus nous savons faire varier les regards chaque fois différents sur la même chose, plus notre "concept" de cette chose, notre "objectivité" seront complets***. » Dans le cas du baptistère,

*. Nietzsche, *Généalogie de la morale*, livre 3, §12.

**. Leiter, « Perspectivism in Nietzsche's *Genealogy of Morals* », p. 344.

***. Nietzsche, *Généalogie de la morale*, livre 3, §12, traduction de Blondel. La phrase complète en allemand est la suivante : « *Es giebt nur ein perspektivisches Sehen, nur ein perspektivisches "Erkennen"; und je mehr Affekte wir über eine Sache zu Worte kommen lassen, je mehr Augen, verschiedne Augen wir uns für dieselbe Sache einzusetzen wissen, um so vollständiger wird unser "Begriff" dieser Sache, unsre "Objektivität" sein* ».

nous pourrions paraphraser cette formule: « Plus nous pouvons faire varier les regards chaque fois différents sur l'édifice, plus notre "concept" de l'édifice, notre "objectivité" seront complets. »

Plus loin, nous commenterons les variations dans les traductions de cet aphorisme, nous expliquerons pourquoi l'une s'applique mieux au cas de l'architecture, l'autre au cas de l'éthologie, mais pour l'heure, focalisons-nous sur la dimension épistémique du perspectivisme que souligne ce passage de Nietzsche. Cette dimension épistémique est insinuée par le philosophe qui parle à cet endroit d'objectivité. Selon certains interprètes, s'il a mis le terme « objectivité » entre guillemets, ce serait simplement par prudence, car il s'opposait à l'usage de ce terme en vogue au XIXe siècle.

Contrairement à la conception courante de l'objectivité comme neutralité ou absence de biais, le philosophe nous inviterait à enrichir notre connaissance du baptistère, non pas en tendant vers un point de vue tout aussi neutre et idéal qu'inexistant, mais en l'examinant depuis d'autres points de vue, en multipliant les perspectives. Leiter commente : « Notre conception d'un objet devient meilleure à mesure que nous jouissons de plus de points de vue, par exemple, en voyant l'objet depuis des angles différents. »

Pourtant, ainsi compris, le perspectivisme reste une variante de l'objectivisme dans la mesure où la multiplication des points de vue vise à mieux connaître des choses, des objets qui existeraient indépendamment de tout point de vue. Le baptistère n'existe-t-il pas indépendamment de Brunelleschi qui le regarde et des mille autres angles depuis lequel on peut l'observer ? Si chaque perspective est partielle et subjective, par contre, leur accumulation permet de construire une conception peu à peu plus « objective » du baptistère. C'est ainsi que Leiter concluait que « la doctrine [nietzschéenne] du perspectivisme se révèle bien moins radicale que l'on se l'imagine habituellement* ».

Néanmoins, pour aboutir à cette lecture appauvrie de Nietzsche, le commentateur américain avait interprété son perspectivisme à l'aune du cas de l'architecture. En effet, sur base des reformulations de Nietzsche qu'il propose, il apparaît clairement que Leiter ne sort pas du paradigme architectural : il discute constamment d' « angles » et de « distances » là où Nietzsche parlait d' « yeux », d'*augen*. Tout comme Blondel dans sa traduction, Leiter évite soigneusement dans son interprétation de mentionner les yeux qui sont pourtant les organes qui incarnent la vision, qui lui donnent corps et la rendent vivante.

Un point demeure cependant pertinent dans la lecture de Leiter lorsqu'il affirme que « le cas de l'optique est celui que Nietzsche nous dit être essentiel pour sa compréhension du perspectivisme ». Il faudra pourtant examiner à nouveau son interprétation, car « le cas de l'optique » ne peut être réduit, comme il le fait, au « cas de l'optique en architecture ». La formulation du commentateur américain suggère de fait une situation dans laquelle un objet,

*. Leiter, *ibid.*, p. 351.

tel un bâtiment, est perçu de l'extérieur, depuis un point donné. Bref, une situation plus proche de Brunelleschi et de son baptistère que des éthologues qui cherchent à reproduire, à engager, à activer des points de vue animaux. Une telle réduction qui soustrait les yeux dans l'équation perspectiviste transforme totalement la notion même de perspective et modifie en conséquence ce à quoi celle-ci nous oblige.

De la vitesse et de la lenteur

Le perspectivisme en architecture concorde avec l'objectivisme dans la mesure où il présuppose un objet autour duquel on peut tourner pour l'observer sous tous ses angles. La perspective linéaire est également liée en un autre sens, en un sens historique, à l'objectivisme, et plus précisément à l'objectivisme entendu comme absence de biais, comme l'explique entre autres Philippe Descola*.

Daston et Galison complexifient l'histoire qui relie le perspectivisme pictural de Brunelleschi à l'idéal moderne d'objectivité comme neutralité; ils montrent que cette histoire est plus sinueuse qu'il ne peut paraître de prime abord**. Il n'en demeure pas moins que des liens intimes se sont tissés entre le perspectivisme en architecture et l'objectivisme scientifique, ne serait-ce que par le truchement de l'appareil photographique (on se rappellera la remarque de Damisch: « Les photographes, dans leur

*. Descola, *Les Formes du visible.*

**. Daston & Galison, *Objectivité.*

immense majorité, n'ont fait que se conformer [aux principes de la perspective linéaire]* »).

Plus fondamentalement, la reprise de la représentation perspectiviste par les scientifiques s'est trouvée facilitée parce que le concept même de perspective qui sous-tendait la pratique architecturale tendait déjà vers l'objet. Même si nous avons vu que le perspectivisme en architecture semble jouer un rôle épistémique comparable à celui du perspectivisme en éthologie, le concept de perspective en jeu s'avère fort différent ici et là. Le premier invite à multiplier les points de vue sur un objet. Dans une exposition pédagogique, on peut montrer une chaise en plongée, en contre-plongée ou de côté.

Dans un tel exercice, nous multiplions l'occurrence des points de vue possibles sur la chaise, mais les yeux – les yeux qui se meuvent, qui s'avancent, qui reculent, qui vont de côté – restent toujours les mêmes. Alors que les images de la chaise sont des vues depuis des positions spatiales différentes sur un même objet, les images de Melin et Caro sont des vues prises à partir d'une même position, mais à travers des yeux distincts. Le perspectivisme éthologique adjoint, à la variété des positions, la multiplicité oculaire : la variété des yeux.

En fin de compte, dans le perspectivisme en architecture, le point de vue se réduit à un point dans un espace géométrique. Puisque les yeux ne varient pas, on oublie facilement leur présence et on en finit presque par oublier que c'est avec eux que l'on regarde. Or cette incorporation

*. Damisch, *La Dénivelée*, p. 7.

des yeux – cet *embodiness* pour parler avec les philosophes féministes anglophones – ralentit fortement les possibilités d'adopter d'autres points de vue*. En théorie, il est possible de voir le baptistère depuis une infinité de points de vue ; rien n'empêche d'en ajouter toujours de nouveaux, même depuis des lieux où l'artiste est incapable de se rendre, car avec des calculs géométriques, il est possible de reconstituer l'édifice vu du ciel sans même avoir besoin de monter dans une montgolfière ou un hélicoptère. Dans cette conception, la multiplication des points de vue n'est limitée que par les compétences géométrico-mathématiques de l'artiste (et, aujourd'hui, par la puissance de calcul de l'ordinateur qui l'assiste).

À l'inverse, une planche éthologique qui, de prime abord, semble reproduire à s'y méprendre une représentation linéaire renvoie en fait à une conception essentiellement

*. L'incorporation des sens et des connaissances, leur *embodiness*, a évidemment été traitée par de nombreux philosophes (pour un aperçu, voir par exemple Smith (éd.), *Embodiment*). Bien que l'objet de la présente étude ne soit pas féministe par nature, c'est chez les philosophes féministes des sciences que j'ai découvert une manière d'interroger le corps : quel corps était nécessaire pour construire telle ou telle connaissance ? Où était-il situé, à quelle distance des objets étudiés se trouvait-il, pendant combien de temps y restait-il ? Toutes ces questions, qui ne semblent relever que de détails sans importance permettent pourtant de développer des manières originales de concevoir les connaissances (non plus exclusivement sur le mode du vrai ou du faux, mais plus subtilement, sur le mode du bon ou du moins bon, sur le mode des effets de la recherche scientifique au-delà, mais aussi en amont des résultats qu'elles produisent). Sur les épistémologies féministes, voir notamment Harding (éd.), *The Feminist Standpoint Theory Reader*.

différente du perspectivisme. Ainsi, lorsque Byosiere et ses collègues présentent quatre photographies d'une même table, mais prises à des hauteurs différentes, ils ne cherchent pas à faire varier à l'envi les regards sur un même objet. Si c'était le cas, ils n'auraient pas été très productifs, leurs variations ne donnant que peu d'information sur la table elle-même. Leur but était tout autre : ils tentaient d'engager les yeux avec lesquels les chiens interagissent effectivement avec le mobilier et les êtres humains. Il s'agissait pour cette équipe d'éthologues de discuter de la pertinence de certaines expériences de psychologie canine qui ne prennent pas en compte la hauteur des yeux des chiens.

L'approche qu'adopte Thayer lorsqu'il photographie des proies à hauteur des lions consiste pareillement à se laisser contraindre par des points de vue incarnés plutôt qu'à multiplier à sa guise les points de vue possibles. À cet égard, l'entreprise de Thayer s'avère différente de celle des peintres et des architectes. Certes, dans leurs images perspectivistes, Thayer et Byosiere ne prennent pas en compte les manières de voir des animaux ; ils ne considèrent ni leur acuité visuelle, ni leur perception chromatique, ni leur sensibilité aux contrastes.

Pourtant, leur conception du point de vue comme *situs*, au sens étymologique du terme comme habitat ou lieu de vie, n'est déjà plus tout à fait la même que celle du point géométrique, car il s'agit d'un point vivant se référant à des yeux véritables, fibreux et globuleux que l'on peut croiser dans une forêt, dans une savane ou dans une ville, c'est-à-dire toujours dans des lieux spécifiques (le concept de « foyer de regard » que développe la philosophe de l'esthétique Maud Hagelstein s'appliquerait bien dans ce cas-ci, car il s'agit d'un foyer, d'un lieu, d'un habitat et pas d'un simple point géométrique*).

Byosiere, Thayer, tout comme *a fortiori* Caro, Melin et d'autres éthologues, se laissent contraindre par les yeux qui habitent le monde : soit, de façon minimaliste, en se rendant là où vivent les animaux et en s'accroupissant pour se mettre à leur hauteur ; soit, de manière plus intensive, en étudiant et en cherchant à établir les aptitudes visuelles des animaux afin de construire des images du monde analogues à la façon dont ils le perçoivent.

À ce stade, l'écart entre les traductions de Gratien et de Blondel de l'aphorisme perspectiviste de Nietzsche apparaît clairement. Le premier traduit *augen* par « yeux », alors que le second efface cette dimension organique, lui préférant le terme plus abstrait de « regards ». Nous avons vu que Brian Leiter faisait de même de façon plus flagrante encore dans son commentaire sur le perspectivisme de Nietzsche.

Or ce léger glissement n'a rien d'innocent car, en éludant le caractère incarné de la vision, ce sont les contraintes mêmes de l'exercice perspectiviste qui se trouvent modifiées. En effet, les contraintes sont minimes lorsqu'il s'agit de faire varier des « regards », des « angles » et des « distances ». En revanche, les exigences sont tout autres lorsqu'il s'agit de faire varier des « yeux » d'animaux particuliers. On ne peut pas positionner l'œil d'un animal

*. Hagelstein, « Art contemporain et phénoménologie », p. 147.

en un lieu quelconque ; au minimum, il convient de les considérer dans le *situs* qui lui est propre, c'est-à-dire dans les conditions de vie de l'animal avec qui l'on travaille.

Dans un de ses articles phares, intitulé « Savoirs situés », Donna Haraway mentionne deux types d'images qui ont éveillé chez elle des interrogations épistémologiques : d'une part, des photographies qui montrent le monde tel qu'il est perçu par des insectes ; d'autre part, des images télescopiques de Jupiter. Dans la foulée, elle avance : « Toutes ces images du monde ne devraient pas être des allégories d'une mobilité et d'une interchangeabilité infinies, mais plutôt des allégories de l'élaboration de spécificités et de différences ainsi que du soin affectueux avec lequel certaines personnes s'efforcent d'apprendre à voir fidèlement à partir du point de vue d'un autre, même quand cet autre est l'une de nos machines*. »

Dans ce passage, Haraway discute simultanément des images perspectivistes animales et des images obtenues par un télescope. Nous reviendrons plus tard sur ces images qui ne reproduisent aucune perspective vivante, mais qu'elle considère tout de même comme des images perspectivistes. Par un renversement curieux, nous adopterons cette caractérisation, mais nous arguerons toutefois que la notion de point de vue qui s'y déploie s'apparente en fait davantage à celle que nous avons décelée dans le paradigme architectural. Précisons ici déjà que, si Haraway

*. Haraway, « Savoirs situés », p. 118, traduction légèrement modifiée. C'est dans une conversation avec Thierry Drumm que j'ai saisi l'importance du passage cité.

propose de rapprocher les points de vue animaux et les points de vue des instruments, ce n'est pas parce qu'elle mécanise les êtres vivants, mais plutôt parce qu'elle veut nous inviter à penser les machines dans leurs dimensions matérielle et corporelle.

Pour l'heure, concentrons-nous sur les perspectives animales et, plus particulièrement, sur les rapports qu'entretiennent, selon Haraway, l'illusion d'une mobilité infinie et celle d'une vision désincarnée, non corporelle. Lorsqu'on parle de regards possibles et non pas d'yeux vivants et qu'on oublie que tout œil est incorporé, il devient alors possible de supposer d'emblée une infinité de points de vue qui, néanmoins, n'ont pas plus d'épaisseur que des points géométriques*.

Le passage du perspectivisme pictural au perspectivisme éthologique marque une transformation tout à la fois quantitative et qualitative. Considérer les points de vue comme foncièrement incarnés, cela suppose aussi de ralentir le mouvement. En effet, passer d'un point de vue

*. On pourrait dire qu'il existe aussi une infinité de points de vue vivants, une infinité d'yeux, mais cela semble quelque peu excessif: bien qu'il y ait un très grand nombre d'yeux, c'est-à-dire un très grand nombre d'espèces animales, ce nombre n'est pas infini et ce, même si l'on compte d'autres êtres percevants qui n'ont pas d'yeux à proprement parler tels les plantes, les bactéries, les champignons… Si Leibniz estimait qu'il y avait une infinité de monades (c'est-à-dire une infinité de perspectives), c'est parce qu'il supposait d'une part l'existence de vies extraterrestres et d'autre part l'existence de vies infiniment petites. Mais même dans ce cas, les perspectives éthologiques ne seraient pas infinies en soi (comme les points de vue en architecture), elles le seraient du seul fait qu'il y a une infinité d'êtres vivants.

à un autre nécessite un véritable effort : de simples calculs ne suffisent plus, il faut réaliser des expériences avec les animaux comme celles de Blake avec les chats, rencontrer les animaux, se donner le temps d'apprendre à les connaître. À cet égard, le perspectivisme en éthologie et celui en architecture impliquent des rapports distincts de temps et de mouvement, de rapidité et de lenteur. Nous tâcherons d'examiner ceci au moyen d'une œuvre graphique qui nous permettra, en outre, d'introduire une troisième forme de perspectivisme.

De prime abord, cette troisième version du perspectivisme paraîtra presque indiscernable du perspectivisme éthologique. Nous verrons toutefois que, par certains aspects, elle se révélera fort semblable au perspectivisme pictural. Nous qualifierons cette forme de perspectivisme tantôt de « pédagogique », car elle apparaît souvent dans des projets d'éducation, tantôt de « laudative », car elle s'inscrit presque toujours dans des projets célébrant la diversité des points de vue. Les perspectives s'y multiplient moins rapidement qu'en architecture, mais plus promptement qu'en éthologie. Cette différence de vitesse suggèrera que nous avons affaire à un concept de perspective bien distinct.

Célébrer la diversité

L'album de jeunesse *Zooptique* constitue probablement le plus bel exemple de la forme pédagogique ou laudative du perspectivisme. Il s'agit d'un imagier perspectiviste. Sur une page à déplier, au verso de la couverture, Guillaume Duprat a peint un paysage : un paisible jardin zoologique. Le cadre de l'image attire d'emblée l'attention. Contrairement au format rectangulaire des pages et des écrans auxquels nous sommes accoutumés, le cadre est ici arrondi évoquant la forme d'une paire de lunettes ou d'une paire d'yeux. Il s'agit en fait du contour du champ visuel standard des humains.

Voici comment un humain voit un paysage.
Dans ce livre, tu vas découvrir comment il est vu par différents animaux.
(En laissant cette page dépliée, tu pourras comparer.)

Illustration 15 : Jardin vu par un humain.

La forme du cadre suggère, à elle seule, que l'image n'est pas celle d'un jardin en soi, mais d'un jardin tel qu'il est vu à travers des yeux singuliers, ceux d'humains. Par le seul fait de transformer le cadre des images, Duprat ne s'inscrit pas dans la tradition de la perspective picturale*. À la

*. En effet, comme l'explique Hubert Damisch, la forme-tableau est apparue avec la perspective linéaire dans la mesure où cette tech-

manière des syntagmes évidentiels qui parsèment l'œuvre de Caro, le cadrage hors norme qu'utilise Duprat met en garde le lecteur. Le commentaire sous l'illustration met, lui aussi, en exergue le caractère situé de l'observation : « Voici comment un humain voit un paysage*. » L'objectif du livre y est aussi résumé : en tournant les pages, nous pourrons « découvrir comment [ce jardin] est vu par différents animaux ».

Le livre nous invite à laisser la page dépliée ouverte pour comparer notre façon, humaine, de voir le jardin à celles d'une kyrielle d'autres espèces : le chien, le chat, l'écureuil, la chauve-souris, la vache, le cheval, l'aigle, le pigeon, la chouette, le colibri, la bécasse, l'escargot, le ver, la grenouille, le serpent, le caméléon, l'abeille et la mouche. Cette énumération, qui rappelle les anciens manuels scolaires ou les leçons de choses, comprend dix-huit espèces.

Ce nombre est conséquent, mais ne correspond pas aux vingt espèces annoncées en quatrième de couverture. Ce décalage s'explique, d'une part, parce que nous

nique impose de spécifier l'espace et de tracer les lignes de fuite avant même de commencer à peindre. Une fois cet espace délimité, il n'est plus possible d'adjoindre une planche pour agrandir le tableau, contrairement à ce qui pouvait se faire dans des peintures sur rouleau par exemple. Voir Damisch, *L'Origine de la perspective*, chap. 7, et *La Ruse du tableau*, p. 223-225. Pour une analyse des cadres en tant que problème philosophique, voir également le livre de Lenain & Steinmetz (éd.), *Cadre, seuil, limite*.

*. Duprat, *Zooptique*. Dans la mesure où le livre n'est pas paginé, lorsque nous citons des passages du livre, nous ne précisons pas la page. Néanmoins, le contexte devrait suffire pour retrouver aisément l'endroit des citations.

n'avons pas compté la dernière espèce abordée dans le livre, le papillon, car l'auteur ne lui consacre pas d'image perspectiviste. En effet, il se contente en l'occurrence du texte explicatif suivant : « Comme pour la plupart des animaux, les scientifiques ne savent pas comment le cerveau d'un papillon analyse précisément ce qu'il voit. [...] Alors ferme les yeux et imagine ce que le papillon voit... »

Ce décalage s'explique, d'autre part, parce qu'il faut encore ajouter l'espèce humaine à l'énumération. Il est évidemment correct de nous compter parmi les autres espèces. Dans l'album, les humains bénéficient toutefois d'un statut particulier. Ils ne sont pas présentés comme ontologiquement supérieurs comme le voudraient certains philosophes (songeons à Martin Heidegger). Duprat insiste sur le fait que la vue humaine du jardin est tout aussi biaisée que celle des dix-huit autres espèces animales recensées dans l'album. L'espèce humaine jouit néanmoins d'un statut méthodologique singulier, car la première image du livre sert de *comparans* : il s'agit de partir de notre point de vue pour éprouver combien celui-ci diffère d'autres points de vue.

Ce statut méthodologique a donné lieu à un travail éditorial intelligent. Grâce à la page dépliée, la perspective humaine reste visible lorsqu'on tourne les pages pour découvrir les perspectives des autres espèces, ce qui facilite et encourage la comparaison. L'ouvrage bénéficie d'une autre technique éditoriale intéressante. Sur chacune des pages, nous voyons d'abord l'animal, son corps, sa forme, sa fourrure, son extériorité, bref nous voyons l'animal comme on le représente habituellement. Ce n'est qu'en relevant un rabat (un « flap » pour utiliser le terme employé dans le monde de l'édition) que nous découvrons la reproduction du paysage tel qu'est supposé le percevoir cet animal. Dans l'album jeunesse de Duprat, comme dans la planche de Caro et Melin, un même paysage est démultiplié perspectivement. Pourtant, le projet et la notion de perspective qui leur sont attachés sont tout autres.

En effet, bien que les images de Duprat ressemblent à celles de Caro et Melin – dans les deux cas, il s'agit de reproduire sur papier la perspective d'autres espèces animales –, les projets qui les animent sont très éloignés. Après des études de graphisme à l'école Estienne (un institut d'art et de technique graphique à Paris), Duprat entama sa carrière professionnelle comme illustrateur pour des magazines tels *Geo*, *Ciel & espace*, *Focus*, *Science et vie,* et d'autres encore*. En 2006, il illustra son premier livre pour enfants : *Mondes. Mythes et images de l'univers*, un livre écrit par la journaliste scientifique Leïla Haddad. Cet album présente les multiples façons dont les humains ont conçu l'univers, à des époques et dans des lieux différents.

Duprat manifeste un goût marqué pour l'anthropologie. Il a d'ailleurs développé un projet de type encyclopédique qui avait pour ambition de constituer une banque de données de cosmologies. Afin de mener à bien ce

*. Pour les éléments biographiques concernant l'auteur, voir, en plus de la notice Wikipédia, l'article qui lui est consacré dans le journal *Le Monde* : Mary, « Guillaume Duprat, collectionneur de mondes ».

projet, auquel il donna le titre de « Cosmologik », Duprat entreprit d'étudier les monographies ethnologiques, de consulter les livres religieux et d'éplucher les archives coloniales. Il put ainsi accumuler des informations, dûment référencées, sur plus de deux cents groupes humains. Ce travail donna lieu à un second album : *Le Livre des terres imaginées*. Cet intérêt anthropologique est également au cœur de deux autres albums de Duprat : *Cosmos. Une histoire du ciel* et *Univers. Des mondes grecs aux multivers*.

Un de ses derniers livres en date, *Dans la peau des monstres*, est quelque peu différent. L'auteur y reprend douze histoires classiques telles que Frankenstein, le Cerbère à trois têtes, le Yéti des montagnes himalayennes… Il cherche à décrire comment les monstres eux-mêmes vivent leur situation, à savoir non pas comme des monstres vus de l'extérieur, mais comme des personnages qui effraient les humains qu'ils croisent, volontairement ou non.

Il n'est plus question ici de décalage anthropologique produit par des cosmologies exotiques. Néanmoins, le livre induit aussi un décentrement : il montre et fait sentir qu'une même histoire, qu'une même situation peut être vue et vécue de multiples manières. Dans son projet « Cosmologik » comme dans l'ensemble de ses livres, Duprat cherche, à chaque fois, à moduler les façons d'appréhender le monde et à faire varier les perspectives sur une même situation.

C'est dans ce projet que s'inscrit *Zooptique* : il est une ode à la diversité. On comprend dès lors que la préoccupation de cette publication est fort différente de celle de l'article de Melin et Caro. Toutefois, avant de nous lancer dans une comparaison plus précise, examinons plus attentivement cet album jeunesse.

Sous le titre de chacun des chapitres, l'auteur présente une description générale des compétences visuelles de l'espèce. Par exemple, le chapitre concernant la vache et le cheval commence avec l'explication suivante : « Ces deux herbivores partagent un des plus grands champs de vision parmi les mammifères. Mais il arrive que leur vision se brouille juste devant eux… »

Dans la même veine, le chapitre sur le lapin, la souris et l'écureuil est introduit comme suit : « Voir comme une proie : chez la plupart des mammifères, l'odorat est bien plus développé que la vue. Ils voient flou, mais leurs yeux positionnés sur les côtés peuvent les sauver. » Sur le bord intérieur du flap, juste à côté de la reproduction du paysage que l'animal est supposé voir, Duprat apporte des précisions sur la vision de l'espèce étudiée : « La vache a une bonne vision panoramique, environ 330°, de son environnement. La position latérale de ses yeux ne lui permet pas une bonne vision en relief et elle ne peut pas voir une petite zone située juste devant elle, sur moins d'un mètre au sol. Quand la vache a peur ou est énervée, cette zone aveugle s'agrandit, au point qu'elle ne peut plus voir devant elle. »

Malgré les différences entre les deux entreprises – pour l'un, il s'agit d'une célébration, pour les autres d'un problème scientifique –, Duprat a construit ses images en suivant des procédés similaires à ceux que Caro et Melin ont développés dans leur recherche éthologique. *Zooptique* est un livre pour enfants, mais comme tout bon livre pour enfants, il s'agit aussi d'un livre sérieux*. À tel point qu'à l'instar d'un article scientifique, le livre cite ses sources. Sur la dernière page, en face de la troisième de couverture, dans une note en petits caractères, l'auteur renvoie le lecteur curieux vers son site internet où il a listé les références qu'il a utilisées**.

Prenons le cas de la vache que nous avons commencé à présenter ci-dessus. Dans la section de la bibliographie qui concerne cette espèce, Duprat cite deux sources : un article de Pierre Clément paru dans le numéro spécial « Comment ils voient le monde » de *Sciences et avenir* datant de 1999 et un chapitre de la thèse en sciences vétérinaires d'Alexandre Dimberton portant sur *La sécurité de l'éleveur et le bien-être des bovins pendant la contention* (la contention est l'immobilisation de l'animal lors d'une opération thérapeutique).

Dans un encart inséré dans l'article de Clément, on trouve une image perspectiviste : un paysage vu par un taureau***. Néanmoins, cette référence ne nous est pas fort utile, car elle n'explique pas précisément comment

*. Il existe un autre bel album pour enfants sur la vision animale paru récemment : Jenkins, *Les Yeux dans les yeux*, mais celui-ci montre davantage les yeux des animaux que leur façon de voir. C'est grâce à deux collègues, Anne Herla et Noëlle Delbrassine, philosophes des livres pour enfants, que j'ai commencé à oser penser à partir de cette littérature si rarement mobilisée en philosophie.

**. Le lien internet est : <https://cosmologik.wordpress.com/livre-vi-univers/> (dernière vérification en octobre 2023, il faut scroller jusqu'à la moitié de la page pour lire les références). Dans la version anglaise du livre, elles sont en partie reprises en fin d'ouvrage.

***. Clément, « Des mondes animaux », p. 21.

cette image a été construite. Le chapitre de la thèse de Dimberton présente, sur base de chiffres, les caractéristiques de la vision des vaches : l'angle du champ visuel, l'acuité visuelle, la capacité d'accommodation*… Pour chacune des mesures exposées, Dimberton renvoie à des articles scientifiques. Pour l'acuité visuelle des vaches, par exemple, il se réfère à un article de Shigeki Entsu, Hiroshi Dohi et Akihisa Yamada intitulé « L'acuité visuelle du bétail déterminée par la méthode d'apprentissage de discrimination** ».

Comme l'indique le titre de l'article, cette équipe japonaise a inventé un test pour évaluer la capacité des vaches à percevoir la différence entre des stimuli visuels. Dans un premier temps, les éthologues enseignèrent aux animaux à associer la présence de foin à la présentation d'une image. Pour ce faire, ils placèrent deux auges dans l'enclos où se déroulait l'expérience. Au-dessus de chacune d'elles, ils installèrent un panneau. Si le dessin sur le panneau était un cercle fermé, l'auge était remplie de foin ; si, à l'inverse, il s'agissait d'un cercle ouvert, elle était vide.

Une fois cette association acquise, les scientifiques séparèrent les deux auges à l'aide d'une grille : les vaches devaient donc décider dans quel couloir elles voulaient s'engager, à droite ou à gauche, et ce, avant de voir si l'auge contenait du foin ou non. Elles choisissaient, toutes, systématiquement,

*. Dimberton, « La vision des bovins » (il s'agit du chapitre de sa thèse portant sur la vision des vaches, disponible sur le site internet du Syndicat national des ophtalmologistes de France).

**. Entsu, *et al.*, « Visual acuity of cattle determined by the method of discrimination learning ».

le couloir au bout duquel se trouvait l'auge remplie, ce qui signifiait qu'elles percevaient bien les dessins.

Cependant, jour après jour, les expérimentateurs rapetissaient les dessins sur les panneaux jusqu'à ce que les vaches n'empruntent plus le bon couloir qu'une fois sur deux. Ceci signifiait que leur choix ne reposait plus sur l'indice visuel, mais découlait simplement du hasard. Les éthologues purent ainsi inférer de ce test l'acuité visuelle des vaches.

C'est sur base de ce genre de dispositif qu'il s'avère possible de construire des images comme celle de Duprat nous montrant un jardin vu par une vache. Nous pouvons constater que l'étude d'Entsu et ses collègues sur les vaches fonctionne de manière analogue à celles de Blake sur la vision des chats. Il y a toutefois une différence notable : dans un cas, le renforcement était positif (une botte de foin) ; dans l'autre, il était négatif (un choc électrique).

Il reste que dans les deux études, les renforcements proposés sont assez pauvres car ils sont simplement liés à l'alimentation. D'autres chercheurs ont inventé des encouragements plus divers et plus complexes (des caresses, par exemple). Néanmoins, à mon sens, même des expériences aussi simples que celles de Blake ou d'Entsu méritent notre attention dans la mesure où elles constituent déjà des « zones de contact » – des lieux de rencontre interspécifique*.

*. Haraway, *Quand les espèces se rencontrent*, chap. 8.

Un mollusque dans un village

Presque toutes les références que Duprat a consultées sont relativement récentes; elles remontent tout au plus au début des années 1990. Il y en a pourtant une qui s'en démarque : *Streifzüge durch die Umwelten von Tieren und Menschen* de Jakob von Uexküll (pour éviter les confusions dues aux multiples traductions de ce livre, nous nous y référerons par la suite avec le premier mot du titre original, *Streifzüge*). La mention de cette publication de 1934 n'est toutefois pas complètement surprenante, car il s'agit d'un des ouvrages les plus souvent cités sur la perception animale aujourd'hui encore (même si certains le présentent un peu trop facilement comme désuet ou dépassé, ce qui nous semble surtout être une manière d'éviter d'entrer dans la pensée exigeante d'Uexküll*).

Et pour cause, *Streifzüge* comprend quelques-unes des plus célèbres planches perspectivistes telle celle représentant une rue de village reprise ici. À l'instar de la planche de Caro et Melin, elle est composée de quatre images construites à partir d'un même cliché**. La première photographie, qui correspond plus ou moins à la rue telle qu'elle pourrait être vue par un humain, sert de base pour les trois autres qui en sont des variations. La seconde ne

*. Par exemple, Giere, *Scientific Perspectivism*, p. 35 : « En 1934, Jakob von Uexküll publia un article [*sic*] maintenant scientifiquement daté. »

**. Dans les traductions françaises, les images sont mises sur une seule planche. Notons toutefois que dans la version originale, les quatre images étaient placées l'une derrière l'autre sur des pages séparées, ce qui rendait la comparaison plus compliquée, mais permettait de voir les images en plus grand format.

représente aucun point de vue spécifique, mais permet à Uexküll d'expliquer la technique qu'il a utilisée pour produire les variations : lors du développement de la photographie, il a placé une grille entre le négatif et le papier photosensible. À l'époque, le scientifique ne bénéficiait pas encore des ordinateurs et de leurs filtres. Les techniques du biologiste étaient on ne peut plus matérielles, fruit de bricolage rudimentaire et d'inventivité.

Illustration 16 : Une rue de village vue par un humain (au-dessus à gauche), filtrée avec une grille (au-dessus à droite), vue par une mouche (en dessous à gauche) et par un mollusque (en dessous à droite).

Grâce à cette grille, on obtient une image morcelée. Uexküll présupposait que les mouches avaient une telle vision parcellaire du monde, mais que leur perception devait être plus fluide. Malgré leurs yeux à facettes, les mouches ne voient certainement pas de lignes noires entre les différentes zones visuelles pas plus que nous, humains, ne remarquons la tache aveugle dans notre champ visuel. C'est la raison pour laquelle Uexküll fit peindre à l'aquarelle les marques laissées par les lattes de la grille. Pour reproduire le point de vue d'un mollusque, il appliqua la même technique, mais cette fois-ci avec une grille garnie de lattes plus épaisses. Le résultat, fort abstrait, évoque certains tableaux de village de Vassily Kandinsky : on n'y distingue ni maison, ni voiture, ni arbre, juste quelques taches.

Uexküll avait conçu les quatre images du village, comme la plupart des autres illustrations de son livre, avec l'aide de Georg Kriszat, un biologiste féru de dessin. Par contre, pour la planche reproduite ici avec les trois aquarelles représentant une chambre telle qu'elle pourrait être vue respectivement par un humain, par un chien et par une mouche, l'éthologue fit appel à Franz Huth, un artiste modestement célèbre en son temps*.

Illustration 17 : Huth, Une chambre vue par un humain (à gauche), un chien (au centre) et une mouche (à droite) (l'image en couleur est reprise sur la troisième de couverture).

*. Bien que je ne le thématise pas, ce qui m'a étonné tout au long de ma recherche, ce sont les liens incessants entre biologie et art. C'est le cas ici avec Uexküll qui collabore avec un peintre, c'était aussi le cas de Thayer, un peintre-zoologiste, et de Duprat, un artiste qui s'inspire des biologistes. Ce sera encore le cas chez Lisa Jevbratt. Même la planche de Melin et Caro aux aspects warholiens permet de penser

Pour une autre planche, représentant un lustre vu par un humain et par une mouche, Uexküll se servit, comme pour la planche montrant la rue d'un village, d'une photographie, mais en adoptant un procédé distinct. Dans cette image, pour reproduire la vue de la mouche, lors du développement du négatif, il surexposa les parties illuminées pour rendre compte de l'attraction que les insectes éprouvent pour les sources de lumière.

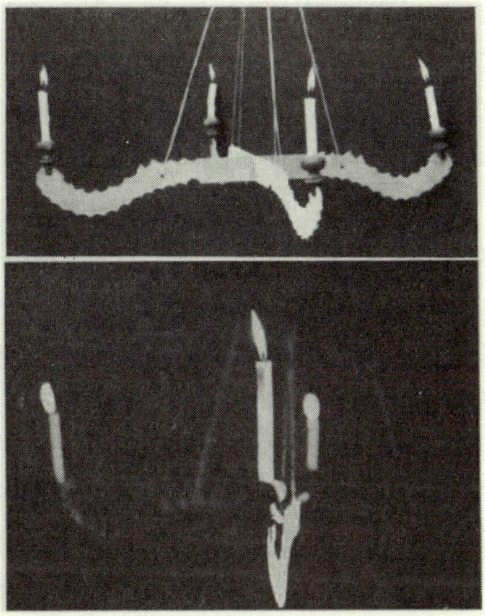

Illustration 18 : Uexküll, un lustre vu par un humain (au-dessus) et par une mouche (en dessous).

Streifzüge, où apparaissent ces images, ne parut qu'en 1934, ce qui fait de ce livre une œuvre tardive de

cette intrication. Dans un livre récent, Ed Yong note également : « De nombreux biologistes des sens ont fait des études artistiques, ce qui leur permet de voir au-delà des mondes sensoriels créés automatiquement par nos cerveaux. » Voir *Un monde immense*, p. 22.

l'éthologue. Né en Estonie en 1864 dans une famille issue de la noblesse germanique, il suivit une partie de son parcours scolaire en Allemagne, puis retourna néanmoins étudier la zoologie dans son pays natal, à l'université de Dorpat (l'actuelle Tartu)*. Lorsqu'il obtint son diplôme de licence, il se détourna de la zoologie en tant qu'histoire naturelle, car il trouvait trop simpliste la théorie darwinienne, du moins telle qu'elle lui fut enseignée à travers le prisme réducteur d'Ernst Haeckel.

Sa résistance au darwinisme s'explique aussi, en partie au moins, par son opposition à l'occupation russe de son pays, les Russes étant, à l'époque, très favorables à la théorie darwinienne**. Dans ce contexte, il décida de mener une recherche doctorale sur la physiologie des animaux aquatiques. Pour réaliser ce projet, il quitta à nouveau l'Estonie et se rendit à l'université d'Heidelberg où il acquit les techniques de la méthode expérimentale. Sa thèse portait sur les mouvements oculaires de grenouilles étudiées en aquarium. Il poursuivit ses investigations à l'aquarium scientifique de Naples où il appliqua la méthode acquise à Heidelberg à l'étude des pieuvres et des oursins.

Ces premières recherches, datant des années 1890, étaient marquées par une forme de béhaviorisme ou de protobéhaviorisme. Sans en faire une théorie systématique,

*. Sur le parcours intellectuel d'Uexküll, voir Heredia, « Jakob von Uexküll, an intellectual history », Köchy, « Uexküll's legacy », et Kull, « Jakob von Uexküll : an introduction ».

**. Sur cette dimension politique de la résistance au darwinisme chez Uexküll, voir Stella & Kleisner, « Uexküllian *Umwelt* as science and as ideology ».

il expliquait les mouvements musculaires des animaux comme des réflexes qui se réduisaient à des chaînes de réactions de cause et d'effet. C'est probablement lors d'un séjour à Paris en 1899 qu'il infléchit sa manière de penser. Auprès d'Étienne-Jules Marey, il découvrit une nouvelle technologie : la chronophotographie*. Cette technique permettait de prendre une série de clichés en rafale, ce qui offrait la possibilité de décomposer un mouvement rapide en une succession de micromouvements imperceptibles à l'œil nu. En décortiquant de la sorte les mouvements des étoiles de mer notamment, Uexküll remarqua qu'il y avait un temps de latence entre le « stimulus » et le « réflexe ».

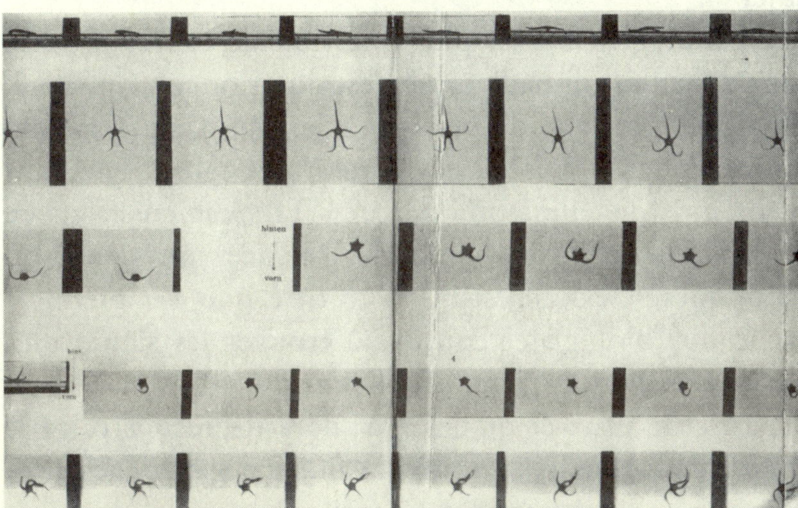

Illustration 19 : Uexküll, chronophotographie d'une étoile de mer.

*. Sur l'importance de cette technique dans le développement intellectuel d'Uexküll, voir Pollmann, « Invisible worlds, visible », ainsi que Kynast, « Kinematografie als Medium der Umweltforschung Jakob von Uexkülls ».

C'est alors qu'apparaît chez lui une réticence à réduire les comportements des animaux à des chaînes de causes et d'effets ; il remit aussi en question les concepts de « stimulus » et de « réflexe ». Selon Uexküll, le modèle de l'animal-machine qui conçoit le réflexe comme un effet automatique produit par un stimulus n'est pas adéquat. Dans le cas d'un moulin, il est vrai que les hélices tournent, peu importe si elles perçoivent ou non le vent qui leur donne leur impulsion. Toujours selon l'éthologue, une machine n'est qu'un transfert de mouvement. Dans le règne animal, en revanche, pour qu'il y ait effet, « un stimulus doit être “remarqué” par un sujet* ».

En biologie, il n'est plus question de causes produisant des effets immédiats ; il y est question, au contraire, de signes porteurs de sens pour les animaux. Chez les animaux, les choses ne deviennent des causes que dans la mesure où elles sont perçues. Et c'est en cela que la biologie se distinguerait des sciences physiques ou chimiques. Uexküll estime à ce titre que « la première tâche du [biologiste] consiste à trouver les signes qui, dans son environnement, font sens pour l'animal. C'est à partir de ceux-ci qu'il s'agit alors de reconstruire le milieu de l'animal**. » Il insiste ailleurs également sur ce point : « La signification est l'étoile Polaire qui doit guider le biologiste et non la misérable règle de la causalité

*. Uexküll, *Milieu animal et milieu humain* [*Streifzüge*], p. 35, traduction modifiée.

**. *Ibid.*, p. 48.

qui ne voit jamais plus loin qu'un pas en avant ou en arrière*. »

Dans ces citations, nous décelons déjà le contraste qui structure la pensée d'Uexküll, celui entre l'*Umgebung* (l'environnement) et l'*Umwelt* (le milieu). En effet, les animaux, les humains compris, ne perçoivent pas tout l'environnement, mais seulement certaines parties de celui-ci, comme dans l'exemple célèbre de la tique et de ses trois « signes » (*Merkmale*) (que Gilles Deleuze proposait, dans un commentaire à l'éthologue, d'appeler des « affects ») : la lumière du soleil qui la guide jusqu'en haut des branches ; l'odeur de l'acide butyrique typique de la transpiration des mammifères qui lui permet de savoir quand elle doit se laisser tomber ; un signe thermique à l'aide duquel l'animal choisit l'endroit sur la peau du mammifère le plus approprié pour piquer. De l'infinité des odeurs, des couleurs, des formes qui constituent l'environnement, la tique ne perçoit que trois affects : ceux-ci constituent son *Umwelt*.

Dans *Streifzüge*, Uexküll illustre ce contraste en recourant à une série de diptyques. Sur l'un d'eux, l'éthologue représente, à gauche, l'environnement de l'abeille et, à droite, son milieu. Les deux images sont approximatives, mais pour des raisons différentes. Idéalement, la première devrait rendre compte « objectivement » de l'environnement physique dans lequel vit l'abeille et ce, dans toutes ses composantes. En théorie, une représentation

*. Uexküll, « Théorie de la signification », p. 117, traduction modifiée.

de l'environnement devrait contenir l'ensemble du réel qui le compose. Mais dans les faits, l'image de gauche est bien évidemment partielle, ne serait-ce que par ce qu'elle est cadrée par une perspective humaine qui distingue des fleurs, des arbres, de l'herbe, mais qui laisse hors champ le pollen, les microbes ou encore l'air. Au mieux, une image peut tendre vers une représentation « objective » de l'environnement sans jamais l'atteindre.

Illustration 20 : L'environnement (à gauche) et le milieu (à droite) d'une abeille.

Sur le volet de droite, Uexküll ne conserve de l'environnement que ce qui est remarqué par l'abeille. Aussi, à peu de chose près, il ne reste que les fleurs des plantes. Tout le reste s'évanouit dans la mesure où il passe inaperçu et est inexistant aux yeux de l'insecte. Le milieu d'un animal, son *Umwelt*, correspond à ce que celui-ci perçoit de son environnement. Son monde subjectif est « une découpe de l'environnement* ». Ce second volet du diptyque est aussi approximatif que le premier, mais pour une tout

*. Uexküll, *Milieu animal et milieu humain* [*Streifzüge*], p. 48.

autre raison : en l'occurrence, on ne sait jamais avec précision et certitude ce que perçoit l'abeille. Dans le meilleur des cas, cette représentation ne fait que tendre vers le point de vue de celle-ci.

On trouve dans *Streifzüge* trois autres diptyques du même genre qui mettent en contraste l'environnement et le milieu du protozoaire, de l'oursin et de la coquille Saint-Jacques. Toutes ces illustrations permettent à Uexküll de rendre plus palpable le contraste qui fonde sa critique tout à la fois du béhaviorisme et du darwinisme. C'est son positionnement par rapport au darwinisme qui le décide à parler d'*Umwelt* et non de perspective ou de subjectivité (des termes auxquels il recourt néanmoins parfois). Car dans la théorie darwinienne, du moins comme elle était enseignée à Berlin au tournant du siècle, les organismes sont intégralement définis par leur environnement ; ils ne sont rien d'autre que le produit de l'adaptation à celui-ci*.

En parlant de milieu, Uexküll insiste sur le fait que l'environnement n'agit pas d'une manière indifférenciée ou mécanique sur les organismes, car les animaux ne perçoivent qu'une découpe de l'environnement et n'agissent qu'en fonction de celle-ci.

*. Il existe d'autres lectures beaucoup moins « darwinistes » (dans le sens de réductionnistes) de la théorie de Darwin. On peut même considérer que Darwin lui-même n'était certainement pas darwiniste à ce point ! Voir notamment Bradley, *Darwin's Psychology*.

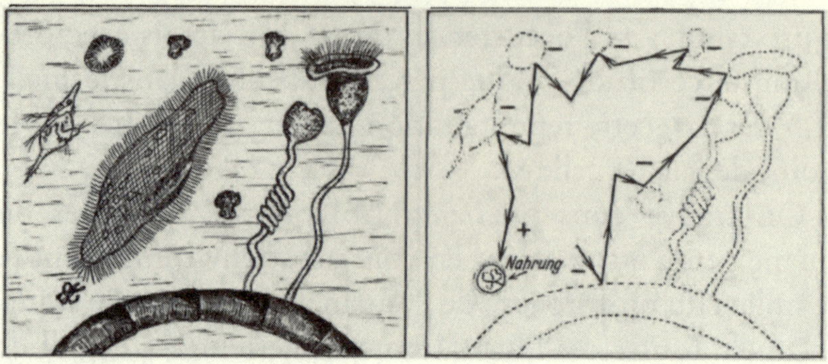

Illustration 21 : L'environnement (à gauche) et le milieu (à droite) d'un protozoaire.

Illustration 22 : L'environnement (à gauche) et le milieu (à droite) de l'oursin.

Illustration 23 : L'environnement (à gauche) et le milieu (à droite) de la coquille Saint-Jacques.

Par ailleurs, l'adaptationnisme privilégie la modalité temporelle du passé au détriment de celle du présent : une cause passée explique un effet présent. À l'inverse, selon le biologiste, le présent se suffit à lui-même : « Tout être vivant est, par principe, absolument parfait*. » Comme le linguiste Ferdinand de Saussure à la même époque, Uexküll résiste aux analyses diachroniques ; selon lui, il vaut mieux étudier les événements de manière synchronique et décrire les organismes tels qu'ils existent actuellement, avant de se lancer dans des explications évolutionnistes**.

Pour l'éthologue, décrire un être vivant revient à décrire son *Umwelt*. C'est cet aspect de sa pensée qui fait dire à Maurizio Esposito que « la biologie [d'Uexküll] est apparentée davantage aux *Geisteswissenschaften* (les sciences sociales) qu'aux *Naturwissenschaften* (les sciences naturelles), dans la mesure où [elle] place le *Verstehen* [la compréhension] avant l'*Erklären* [l'explication]*** ».

*. Uexküll, *Theoretische Biologie*, p. 138.

**. Heredia, « Jakob von Uexküll, an intellectual history », p. 18.

***. Esposito, « Kantian ticks, Uexküllian melodies », p. 48.

4

Des plis et des replis

Où les trois versions du perspectivisme sont spécifiées. Ces versions ou ces plis ne doivent néanmoins pas être compris comme des formes fixes, car il arrive que des projets qui ont commencé en suivant un certain pli en prennent d'autres par après.

Les trois plis du perspectivisme

À première vue, les projets de Duprat et d'Uexküll paraissent assez distincts, l'un étant un livre d'un auteur jeunesse, l'autre l'ouvrage d'un biologiste confirmé. Pourtant, même si les commentateurs l'ont rarement souligné, Uexküll suggère à ses lecteurs de lire *Streifzüge* à la manière d'un album pour enfants. En effet, le sous-titre de son livre évoque ce genre littéraire : *Ein Bilderbuch unsichtbarer Welten*, Un imagier de mondes invisibles. Malheureusement, ce sous-titre est trop souvent oblitéré, voire complètement escamoté dans les traductions de l'ouvrage.

Selon Stephen Loo et Undine Sellbach, il en est ainsi parce que le genre de l'imagier ne serait pas assez académique, pas assez sérieux*. En effet, lorsqu'on pense aux imagiers, on songe en premier lieu aux albums qui enseignent aux très jeunes enfants quelques mots de la vie quotidienne : à côté des mots « balle », « chaise » ou « chien », on voit un dessin stéréotypé de ce qu'ils désignent. Au moment où Uexküll fait paraître son ouvrage, le genre de l'imagier connaissait un boom éditorial ; *Streifzüge* paraît durant la même décennie que, notamment, la première édition du célèbre *Imagier du Père Castor***.

En associant son livre au genre des imagiers, Uexküll aurait cherché à induire une certaine disposition chez ses lecteurs : la disposition de l'enfant curieux d'apprendre de nouvelles choses. Néanmoins, dans le même mouvement, l'éthologue a modifié l'enjeu des imagiers. Dans son livre, le but ne consiste plus à apprendre à reconnaître des objets (la table, la maison, la lampe…), mais à faire découvrir les multiples manières dont ces choses sont vues par des espèces différentes. Alors qu'habituellement l'imagier porte l'attention du jeune lecteur sur les choses, l'imagier uexküllien nous apprend à prêter attention à ce qui est absent de l'image, mais qui la structure pourtant : celui qui voit, le sujet du point de vue.

*. Loo & Sellbach, « A picture book of invisible worlds ».

**. Pour un commentaire philosophique de *L'Imagier du Père Castor*, voir Hagelstein, « Brasser l'histoire de l'art de ses larges bras : l'imagier, l'atlas, le musée imaginaire ».

Selon Michel Foucault, René Magritte critique également les imagiers, notamment dans son célèbre tableau « Ceci n'est pas une pipe »*. Même si l'on s'y réfère le plus souvent par cette appellation, le véritable titre du tableau est *La trahison des images*. Ce titre suggère la question philosophique qui inquiète le tableau. Cette question est encore plus manifeste dans *La clef des songes* où six objets (un œuf, une chaussure, un chapeau, une bougie, un verre et un marteau) sont associés à des termes qui ne correspondent pas au code standard de la langue : « l'acacia », « la lune », « la neige », « le plafond », « l'orange » et « le désert ». Le peintre théorise le rapport entre les mots et les choses dans « Les mots et les images ». Il réclame la liberté d'inventer sans cesse de meilleurs mots pour désigner les choses (il critique d'ailleurs aussi un autre aspect des imagiers : l'idée de la transparence des images sur laquelle ils se fondent, l'idée en d'autres termes que les images reproduisent fidèlement ce qu'elles représentent).

Les commentateurs de Magritte ont noté la résonnance de sa critique des imagiers avec la théorie du signe de Saussure. Celui-ci rejetait la conception du langage comme « nomenclature », l'idée que chaque mot serait associé à une chose du monde. Les éditeurs du *Cours de linguistique générale* ont d'ailleurs essayé de rendre compte de cette idée naïve du langage comme nomenclature par une image double, celle d'un arbre et d'un cheval en regard desquels sont indiqués les termes latins *arbor* et *equos*. Ces images étiquetées ont peut-être servi

*. Foucault, *Ceci n'est pas une pipe*.

d'inspiration au peintre belge*. Dans *Streifzüge*, Uexküll critiquait, lui aussi, « l'imagier nomenclaturiste », mais d'une tout autre façon : il ne questionnait pas tant le problème de la relation entre le mot et la chose que celui du rapport entre la chose et l'observateur.

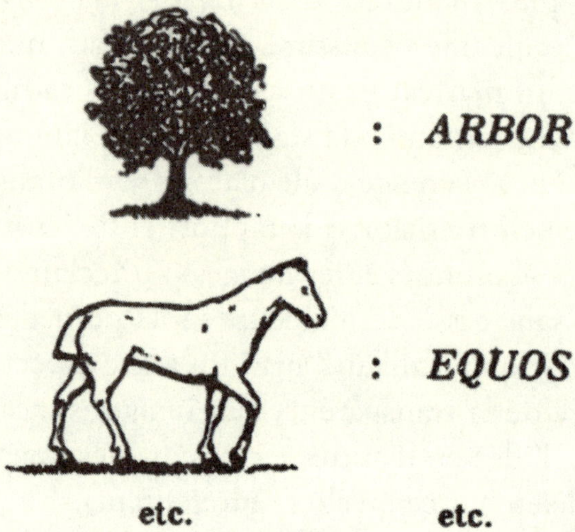

Illustration 24 : Dessins d'un arbre et d'un cheval rapportés à leurs noms latins dans le *Cours de linguistique générale* de Saussure.

L'imagier nomenclaturiste partage avec le perspectivisme pictural un intérêt pour l'objet. Dans le cadre du perspectivisme pictural, lorsqu'on fait varier les points de vue sur une chaise ou un édifice, l'enjeu est d'étudier ces

*. Bien que Magritte ne discute jamais directement de Saussure, Roy Harris estime néanmoins qu' « il est difficile de croire qu'il n'ait jamais vu [les images du *Cours de linguistique générale*] ». Voir Harris, « Visual and verbal ambiguity », p. 185.

objets, de les connaître sous tous leurs angles. Multiplier les perspectives revient alors à interroger, à examiner, à analyser l'objet. Malgré les nuances apportées par Lorraine Daston et Peter Galison, il n'en demeure pas moins que le perspectivisme pictural inauguré par Brunelleschi participe du mouvement qui tend à focaliser toute l'attention sur l'objet de la perception aux dépens du sujet de la perspective.

On pourrait donc avancer que nous avons affaire, dans ce cas-là, à une forme de perspectivisme « objectivant ». À l'inverse, dans le cas du perspectivisme que nous avons proposé d'appeler « laudatif », la multiplication des perspectives n'a pas pour but de mieux connaître l'objet. En réalité, dans le cas d'Uexküll, mais aussi dans celui de Duprat, ce qui est représenté sur les images importe peu : un jardin parisien, une rue de village, une chambre. Elles auraient pu représenter tout aussi bien une plage, une ferme ou une montagne, car ce que visent ces auteurs, c'est à faire comprendre que le monde est vu autrement à travers d'autres yeux.

Si le perspectivisme pictural tend à ignorer qu'il y a des yeux qui voient, le perspectivisme laudatif tend pour sa part à effacer ce qui est vu, à y prêter moins d'attention. Le perspectivisme que nous appelons « éthologique » trace, quant à lui, une voie médiane. Lorsque Caro et Melin font varier les yeux qui portent sur l'objet, ils s'intéressent tout autant à celui qui regarde (les lions et les hyènes) qu'à celui qui est vu (le zèbre).

En fait, les deux éthologues n'ont pas étudié les zébrures en tant que telles. Bien plutôt, les images perspectivistes leur permettaient de vérifier s'il y avait un rapport entre les zébrures et les prédateurs des zèbres. Chez Chiao, on assiste à un même glissement de l'objet vers les relations que l'araignée entretient avec d'autres êtres. Ainsi, lorsqu'il examinait les liens entre les araignées et les abeilles à l'aide d'images perspectivistes, il n'était pas question d'une chose en soi, des araignées en soi ou des abeilles en soi, mais bien de l'interdépendance entre ces êtres.

De nombreuses études sur les couleurs et les formes des fleurs portent en réalité davantage sur les relations entre ces fleurs et leurs pollinisateurs que sur chacun de ces êtres considérés séparément. En fait, l'étude des uns sans les autres est presque impossible tant leurs vies et leurs évolutions sont entremêlées*. En vue d'étudier ces interactions, les biologistes ont cherché à voir « les fleurs à travers les yeux des insectes ». C'est pour cela qu'ils ont mis au point des images perspectivistes.

L'expression entre guillemets correspond en fait au titre d'un article de Misha Vorobyev**. Ce dernier y présente une caméra, conçue avec ses collègues, capable de transformer des rayons UV en pseudo-couleurs, de façon comparable au dispositif utilisé par Chiao. Vorobyev défend l'intérêt de ce type d'instrument pour l'étude des interdépendances entre les insectes et les fleurs. Ainsi, le perspectivisme qu'on voit poindre en éthologie ne porte pas tant

*. Depuis Charles Darwin, les fleurs et les insectes – ce duo inséparable que nous devrions appeler fleurs-insectes – ont contribué à faire émerger le champ de recherche sur les coévolutions. Voir notamment Hustak & Myers, *Le Ravissement de Darwin*.

**. Vorobyev, *et al.*, « Flowers through insect eyes ».

sur l'objet ou le sujet de la perception que sur les relations entre les choses ou les êtres qui sont perçus et ceux qui les perçoivent.

Melin et Caro ne cherchaient pas à prendre en compte des yeux quelconques, mais ceux des lions et des hyènes, c'est-à-dire des animaux qui vivent à proximité des zèbres et qui s'intéressent à eux, en particulier, dans le cas présent, parce qu'ils sont susceptibles de s'en nourrir. Pour comprendre les zébrures des zèbres, il n'est en effet pas très utile de considérer n'importe quels autres yeux, comme ceux d'un mollusque ou d'un chien par exemple. La multiplication des perspectives n'augmente pas automatiquement nos connaissances.

Au contraire, il est essentiel de se demander quels yeux s'avèrent pertinents dans telle ou telle situation. Cette question de la pertinence, capitale quoique trop rarement thématisée, permet de distinguer les images de Caro et Melin de celles, pourtant très similaires, d'Uexküll ou de Duprat. Chez Uexküll, peu importait que le village soit vu par un chien ou un corbeau plutôt que par une mouche ou un mollusque puisque, pour lui, le point essentiel était de montrer le monde à travers d'autres yeux. Présenter la rue d'un village vue par un mollusque ne nous apprend rien sur la rue ni d'ailleurs sur les éventuelles relations entre le mollusque et le village. Par contre, une telle image perspectiviste nous apprend beaucoup sur le mollusque lui-même.

Contrairement aux images perspectivistes en architecture ou en peinture, les images d'Uexküll ne visent pas à nous enseigner quelque chose sur l'objet représenté ; contrairement aux images de Caro et Melin et d'autres rencontrées dans les chapitres précédents, elles ne racontent rien non plus sur la relation entre des êtres ; elles offrent, par contre, une information supplémentaire sur la variété des sujets qui perçoivent le monde.

En fait, ces trois démarches, celles de Brunelleschi, de Caro et d'Uexküll, correspondent à trois versions ou trois plis du perspectivisme : le premier pli est marqué par l'objet, le second par le sujet tandis que le troisième se moule dans le creux des deux premiers. Ces trois plis correspondent aux trois pôles qu'Emmanuel Alloa distingue dans le perspectivisme : le « point de vue », qu'il définit « par rapport au sujet » ; « l'aspect » qui, quant à lui, « se définit par rapport à l'objet », il s'agit de « la manière dont quelque chose se donne à voir, selon un certain profil » ; la « perspective », à proprement parler, enfin, qui « ne se réduit ni à ce qui est visé ni au sujet de cette visée, mais qui au contraire nomme un certain rapport structural* ».

Nous ne reprendrons pas strictement la terminologie du philosophe, d'une part parce que les auteurs que nous mobilisons utilisent de manière fluide les termes de « perspective », « point de vue » et (moins souvent) « aspect » ; d'autre part, parce qu'il s'avère essentiel de pouvoir passer d'un pli à l'autre, de pouvoir penser de façon souple et fluide les transformations d'une forme de perspectivisme en une autre. Il est cependant intéressant de noter ici que notre enquête qui s'est focalisée jusqu'à présent sur des œuvres graphiques a abouti à une tripartition du

*. Alloa, *Partages de la perspective*, p. 70. Voir également son « Réaliser », p. 162.

perspectivisme qui rejoint celle développée par Alloa dans son parcours philosophique.

Par ailleurs, à chaque forme de perspectivisme correspond une vitesse et un mouvement propres. Le perspectivisme pictural (« objectivant ») permet en principe une addition infinie des points de vue : on accumule les points de vue à grande vitesse et potentiellement à l'infini (dans ce cas, Alloa parle d'ailleurs à juste titre de « perspectivisme additif »). Le perspectivisme laudatif d'Uexküll (dans sa version « subjectivante ») ne permet pas d'additionner des perspectives à un rythme effréné car, pour rendre compte de perspectives animales, il faut prendre le temps d'approcher les animaux, de les rencontrer et de réaliser des expériences avec eux. Le perspectivisme éthologique (« relationnel »), pour sa part, est le plus lent car, en plus de s'intéresser à de vrais yeux, il faut aussi déterminer quels yeux il faut engager dans telle ou telle situation. Ne pourrait-on pas parler dans ce cas de *slow perspectivism* ?

En définitive, c'est un rapport de vitesse et de lenteur qui permet de distinguer et de spécifier les diverses conceptions du perspectivisme. Cette manière empruntée à Gilles Deleuze d'approcher les concepts est une invitation à les penser dans leur milieu : « C'est par vitesse et lenteur qu'on se glisse entre les choses, qu'on se conjugue avec autre chose : on ne commence jamais, on ne fait jamais table rase, on se glisse entre, on entre au milieu, on épouse ou on impose des rythmes*. »

*. Deleuze, *Spinoza*, p. 166.

Nous cherchons précisément à relater certaines situations dans lesquelles le concept de perspective s'immisce afin de sentir comment celui-ci « se comporte » : quel mouvement le concept de perspective permet-il, quel geste induit-il, quelle vitesse impose-t-il ? On ne peut répondre à ces questions de façon abstraite en s'en remettant à des principes généraux, car « il n'y a pas de perspective à l'état pur, il n'y a que des perspectives dans des flexions spécifiques* ».

C'est la raison pour laquelle, plutôt que de partir d'une définition tirée d'un dictionnaire ou d'une œuvre théorique, nous avons résolument préféré introduire le concept de perspective au travers d'un éventail de situations empiriques. Ce choix découle bien d'une nécessité philosophique et non d'une simple stratégie narrative de présentation. Penser les concepts comme des plis qui se glissent dans des milieux, c'est modifier à la fois l'ordre d'exposition (les situations viennent en premier) et la méthode philosophique, car il ne s'agit plus de partir ni même d'aboutir à une définition des concepts, mais d'en caractériser la teneur à partir de leurs histoires.

Dans les mots de Nietzsche : « Toutes les notions dans lesquelles se résument sémiotiquement un processus tout entier se dérobent à la définition ; seul ce qui n'a pas d'histoire est définissable**. » Or le perspectivisme a une histoire ; il a même des histoires multiples qu'il s'agit de raconter, car elles le rendent instable et mouvant – indéfinissable, non analysable si, par analyse, on n'entend

*. Alloa, *Partages de la perspective*, p. 225.

**. Nietzsche, *Généalogie de la morale*, livre II, §13.

qu'une étude terminologique ne se référant d'aucune façon aux histoires et aux vies que traversent les concepts.

D'un pli à l'autre

Parmi les images cherchant à reproduire des points de vue animaux, nous avons distingué deux groupes correspondant chacun à une forme différente de perspectivisme. Dans le premier groupe, nous retrouvons les images qui concernent la vision des animaux (la vision pour la vision). C'est le cas des études d'Uexküll et de Duprat. Nous pourrions encore inclure dans cette catégorie les images de Sigmund Exner qui, en 1890, plaça la lentille d'un œil de mouche devant un objectif photographique afin de voir, littéralement, à travers l'œil même de l'insecte*.

Illustration 25 : Une fenêtre photographiée à travers la lentille d'une mouche.

*. Exner, *Die Physiologie der Facettirten Augen von Krebsen und Insecten.*

C'est ce même pli perspectiviste que l'on retrouve dans les livres de R. H. Smythe ou Sandra Sinclair. Le premier esquissa en 1960 le champ visuel élargi du cheval*. Dans ce cas, seul le champ de vision était pris en compte. Dans son livre de 1985, *How Animals See*, Sinclair rendait compte, pour sa part, de la vision de nombreux animaux grâce à des images perspectivistes assez similaires à celles que l'on trouve chez Duprat**.

L'artiste graphique Lisa Jevbratt célèbre également la vision des animaux. Dans le cadre de son projet *Zoomorph*, elle a mis au point un *plug-in* pour Photoshop. Il s'agit d'un petit outil qui permet d'appliquer des filtres à des photos personnelles afin de les voir comme on suppose que les verraient d'autres espèces animales. Jevbratt, qui enseigne à l'université de Californie, à Santa Barbara, a également conçu une application pour smartphones qui permet d'appliquer ces mêmes filtres directement lorsqu'on filme. Le projet *Zoomorph* a fait l'objet d'une exposition où étaient exposées des images perspectivistes en grand format. On pouvait admirer par exemple une rose selon vingt points de vue distincts.

*. Smythe, *Animal Vision*, p. 26.

**. Sinclair, *How Animals See*.

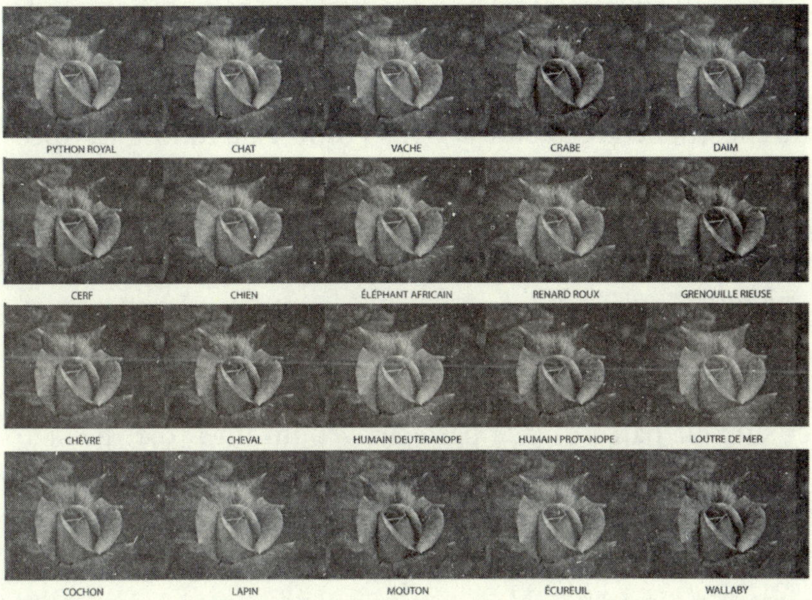

Illustration 26 : Une rose vue par vingt espèces d'observateurs (l'image en couleur est reprise sur la seconde de couverture).

Ce premier groupe d'œuvres qui présentent la vision des animaux en tant que telle correspond à la version subjectivante du perspectivisme. Dans le cas des images de Jevbratt, on pourrait d'ailleurs remarquer que, comme chez Uexküll, rien ne justifie qu'on ait choisi une fleur plutôt qu'un autre objet photographique. Rien ne justifie non plus d'ailleurs pourquoi telles et telles espèces ont servi de filtres d'observation : pourquoi voir cette rose dans l'œil d'un chat, d'une vache, d'un chevreuil ou d'un éléphant ? Comme c'était le cas des images d'Uexküll, dans les photographies de Jevbratt, il s'agit en premier lieu de saisir les animaux comme des sujets de perspective et non d'étudier ou d'éprouver une relation entre un sujet et un objet.

Jevbratt l'explique elle-même : « *Zoomorph* cherche à produire une expérience vicariante de la vision d'un animal ou, tout au moins, à susciter une identification intellectuelle avec celui-ci dans l'espoir de rendre les spectateurs intensément conscients et respectueux de la présence continuelle d'une multitude d'expériences parallèles du monde (ou *Umwelten* tels que décrits par Jakob von Uexküll)*. »

Jevbratt s'inscrit dans la continuité directe d'Uexküll non seulement parce qu'elle cite l'auteur de *Streifzüge*, mais aussi et surtout parce qu'elle partage avec lui un projet pédagogique et éthique. L'un comme l'autre estiment qu'il faut mettre en valeur la multiplicité des perspectives, car celles-ci rendent le monde plus riche et plus intrigant. Dans les termes d'Uexküll : « Nous espérons [...] convaincre nombre de lecteurs que les milieux animaux [les perspectives animales] existent vraiment et qu'ici s'ouvre un domaine de recherche nouveau et infiniment riche**. »

À l'inverse de Duprat, Uexküll, Exner, Sinclair ou encore Jevbratt, il existe un second groupe de chercheurs qui ne focalisent pas leurs études prioritairement sur les compétences visuelles des animaux, mais qui se voient malgré tout contraints de s'y intéresser, de manière médiate, afin de pouvoir répondre à d'autres questions, notamment celles concernant les zébrures, la couleur des fleurs ou les taches des araignées.

*. Jevbratt, « With the eyes of another », p. 78.

**. Uexküll, *Milieu animal et milieu humain* [*Streifzüge*], p. 28, traduction modifiée.

En d'autres termes, ce second groupe d'études, qui relève de la version relationnelle du perspectivisme, n'étudie pas immédiatement la perception animale. On pourrait dès lors supposer que ces recherches sont subordonnées à celles du premier groupe. Pour produire des images perspectivistes, ne faut-il pas s'appuyer sur des études portant spécifiquement sur la vision ? Pourtant, le mouvement que trace le second groupe – un mouvement qui part d'un problème pour arriver au perspectivisme – correspond en réalité à ce qui motive le premier groupe d'études.

C'est le cas chez Uexküll. Celui-ci ne s'intéressait pas, dès l'origine, aux points de vue des animaux. L'historien Kristian Köchy, sur base de son étude du parcours intellectuel de l'éthologue, explique que « bien qu'il ait commencé sa carrière comme physiologue expérimentaliste avec un penchant pour les positions protobéhavioristes [...], il devint par la suite un biologiste théoricien des *Umwelten* aux tendances vitalistes et convaincu de la subjectivité de tout être vivant* ».

C'est à la suite de son passage par le laboratoire, grâce à la chronophotographie, qu'Uexküll remarqua le temps de latence dans les réponses des animaux. C'est cet intervalle qui l'incita à prendre en compte les points de vue des animaux qu'il étudiait. Le problème perspectiviste ne s'est donc pas d'emblée posé à Uexküll ; ce n'est qu'en un second temps, après une confrontation avec des animaux, qu'il l'a envisagé.

*. Köchy, « Uexküll's legacy », p. 55.

Il en va de même des autres publications présentant la vision des animaux. Que ce soit dans l'introduction des ouvrages ou dans des incises en milieu de phrase, on trouve systématiquement des traces des situations à partir desquelles ont émergé les préoccupations des chercheurs pour la perspective des animaux. Les auteurs expliquent combien il est important de comprendre les animaux avec lesquels nous vivons afin de prendre conscience, par exemple, de la façon dont nos comportements peuvent tantôt les effrayer et les faire fuir, tantôt, au contraire, les attirer et les inviter à s'approcher. On se rappellera d'ailleurs à cet égard que, pour construire son image du jardin vu par une vache, la source principale de Duprat était une thèse de doctorat sur la contention des bovins et non sur la vision à proprement parler.

En fait, sans situation problématique, on ne sait pas où arrêter la construction des images perspectivistes. C'est en fonction du problème considéré que l'on peut déterminer quels aspects de la perspective doivent être pris en compte ou non, et jusqu'à quel degré de précision : l'acuité visuelle, la sensibilité au contraste, la perception des couleurs, la hauteur du point de vue… On ne reproduit jamais une perspective en soi, mais une perspective située, définie en fonction d'un problème donné. Quoique moins apparent, ceci vaut également dans les travaux qui se présentent, à l'instar de ceux d'Uexküll, comme des études du point de vue de l'animal en tant que tel, car même lorsque les auteurs ne le thématisent pas, il y a toujours nécessairement des situations problématiques qui les poussent à mener des recherches sur les perspectives animales.

Il est révélateur, à ce propos, que les psychologues reprennent fréquemment la théorie d'Uexküll pour problématiser les dispositifs expérimentaux. Par exemple, dans un article dont le titre est « Von Uexküll revisité », Eleanor Caves et ses collègues du département de biologie de l'université Duke soulignent combien il est important de prendre en compte les compétences visuelles des animaux dans toutes les études concernant leurs habitudes, leur écologie ou leur cognition, car, disent-ils, « ce que perçoit un animal affecte son comportement* ». Les auteurs passent en revue plusieurs exemples d'études dont les hypothèses qui ne prenaient pas en compte l'*Umwelt* des animaux se sont révélées fausses.

Il en va ainsi d'une recherche concernant certaines espèces de crustacés, les crevettes nettoyeuses qui doivent leur nom au fait qu'elles se nourrissent des parasites qui peuplent l'épiderme d'autres espèces. Pour expliquer leurs motifs chromatiques très singuliers, les scientifiques avaient émis l'hypothèse qu'il s'agissait d'une technique pour communiquer avec leurs congénères. Or, en 2016, Caves et ses collègues ont démontré que les crevettes nettoyeuses sont achromates et ne distinguent donc probablement pas les motifs qui ornent leur carapace. Ils expliquent : « Nos bonnes compétences visuelles peuvent biaiser nos hypothèses concernant la fonction des motifs chromatiques des animaux**. » Cette remarque n'est pas sans rappeler l'argument de l'étude sur les zébrures de Caro et Melin.

*. Caves, *et al.*, « Von Uexküll revisited », p. 1451.
**. *Ibid.*, p. 1453.

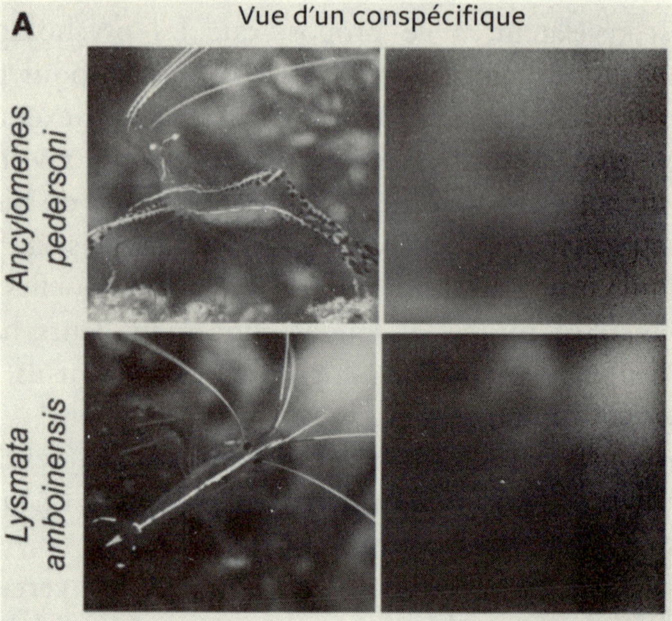

Illustration 27 : Deux espèces de crevettes nettoyeuses vues par un humain (à gauche) et par un conspécifique (à droite).

Ces scientifiques ne reprennent donc pas Uexküll pour étudier l'*Umwelt* de l'animal en tant que tel ; au contraire, ils s'intéressent aux *Umwelten* de manière médiate, en vue de résoudre des problèmes qu'ils ont rencontrés en travaillant au contact des animaux. Dans ce cas, Uexküll et son concept d'*Umwelt* fonctionnent un peu à la manière des évidentiels, ces marqueurs grammaticaux qui ponctuent l'œuvre de Caro : « pour les humains », « aux yeux humains », etc. Le nom d'Uexküll sert de rappel : le monde tel que nous le voyons n'est pas celui que voient les autres animaux. Si les évidentiels constituent une disposition grammaticale (des marqueurs qui mettent les locuteurs en alerte), on pourrait parler du concept d'*Umwelt* comme d'une disposition théorique (un concept qui met en garde les scientifiques lorsqu'ils travaillent avec d'autres espèces).

Le pari des versions

Dans un article dont le sous-titre est « le pari de l'*Umwelt* » (« the Umwelt gamble »), David Lahti utilise Uexküll précisément de cette façon, quoique dans ce cas le concept d'*Umwelt* lui serve moins à mettre en question des hypothèses qu'à adapter et améliorer des dispositifs expérimentaux*. On sait que les éthologues utilisent souvent des simulacres dans leurs expériences. Niko Tinbergen est considéré comme étant le premier à avoir fait usage de « stimuli artificiels » en éthologie. Ainsi, pour étudier comment les oiseaux se défendent du parasitisme de nid (d'autres oiseaux qui déposent leurs œufs dans le nid), il confectionnait des œufs en bois peints de diverses couleurs. Lahti, qui utilise le même genre de leurres dans ses recherches, souligne néanmoins le risque de concevoir de tels modèles à partir de nos yeux humains : ce qui peut nous paraître similaire peut se révéler fort différent pour un autre animal.

Mary Stoddard et ses collègues reprennent à leur compte le conseil de Lahti. Ils explorent comment vingt-six produits colorants utilisés dans de nombreuses études

*. Lahti, « The limits of artificial stimuli in behavioral research: the Umwelt gamble ».

sont perçus par des mammifères dichromates (le furet et le chien), des animaux trichromates (l'humain et certaines espèces d'abeille) et des oiseaux tétrachromates (le colibri et la mésange bleue qui voient les rayons ultraviolets). Les auteurs expliquent en leurs propres termes que leur objectif est « d'analyser systématiquement et de comparer les effets des divers traitements chromatiques artificiels depuis la perspective d'observateurs animaux différents [afin de] mettre au point un ensemble de recommandations pour minimiser [l'incertitude liée au] "pari de l'*Umwelt*" lors de l'utilisation de stimuli artificiels dans des expériences comportementales* ».

Lorsque Caves, Lahti ou Stoddard se réfèrent à Uexküll, ce n'est donc pas pour célébrer la diversité des perspectives ou pour mieux connaître les animaux en tant que tels, mais pour mieux penser et résoudre des situations problématiques : comment, par exemple, étudier les robes des animaux ou comment s'assurer que les artifices expérimentaux soient de bonnes reproductions des originaux naturels ? Dans ce cas, ce qu'on montre sur les images perspectivistes importe tout autant que l'observateur, car il s'agit d'étudier des relations entre des animaux déterminés et ce qu'ils voient.

En partant du perspectivisme subjectivant d'Uexküll, Caves, Lahti et Stoddard ont développé une forme relationnelle du perspectivisme, très similaire à celle que nous avons décrite à partir des recherches de Caro et Melin. On peut tirer une conclusion de ces considérations : les

*. Stoddard, *et al.*, « I see your false colours », p. 3.

plis perspectivistes se forment souvent les uns dans les autres. Un pli subjectivant peut ainsi s'infléchir et insister davantage sur les relations. Mais l'inverse est aussi possible comme nous l'avons appris en retraçant le parcours d'Uexküll : le pli subjectivant de son perspectivisme est en fait l'inflexion d'un pli qui, à l'origine, était relationnel.

La différence entre les divers plis perspectivistes est en définitive une question d'emphase et d'accentuation. L'emphase peut d'ailleurs évoluer et se transformer au cours d'une carrière, voire même au cours d'une recherche. N'était-ce pas déjà un curieux pli que marqua le perspectivisme de Brunelleschi lorsqu'il perdit son caractère vivant ? Car, dans sa première version, à savoir dans l'expérience devant le baptistère de la place San Giovanni, il s'agissait bien de reproduire la vision d'yeux vivants, ceux des humains. L'histoire qui s'étend de la Renaissance à l'objectivité mécanique du XIXe siècle n'est pas linéaire. Il s'agit en fait de l'histoire d'une inflexion, car en s'automatisant, en se multipliant à toute vitesse et en se banalisant grâce à la photographie, les points d'yeux se sont transformés en points géométriques : lorsqu'une pratique prend de la vitesse, atteint un certain nombre ou une certaine ampleur, elle se modifie tout comme les concepts qui lui sont associés.

Considérer le perspectivisme dans ses multiples versions, dans ses plis variés, permet au contraire de penser les transformations d'une version en une autre ou l'insinuation d'un pli dans un autre. Cette approche permet pareillement d'imaginer des situations intermédiaires où les plis sont moins marqués. C'est un des avantages qui s'offrent à nous, lorsque nous envisageons le perspectivisme à partir de cas concrets plutôt que de définitions conceptuelles. Ne considérer les notions qu'au niveau théorique mène souvent à hypostasier les différences entre elles au point de considérer les diverses formes de perspectivisme incompatibles les unes avec les autres.

Pour éviter les contradictions et les complications qui découlent des multiples usages du concept, de nombreux auteurs finissent par ne traiter que d'une version au détriment des autres. Parfois, ce processus d'exclusion s'accompagne de critiques amères, voire de rejet explicite des autres versions que l'on déclarera n'être que de « vulgaires slogans ». Dans cette veine, James Elkins affirme : « L'atelier de la perspective qui était une métaphore utile chez Leibniz est devenu [chez Nietzsche ou chez Panofsky notamment] un positionnement philosophique par rapport auquel la perspective n'est rien d'autre qu'un slogan, un tremplin pour introduire des problèmes épistémologiques*. »

Le geste d'Elkins consiste à recouvrer le sens original ou, pour reprendre sa terminologie, le « sens zéro » du perspectivisme. Le sens zéro correspondrait, selon lui, à la technique utilisée par les peintres. Il rejette, au passage, toutes les réinventions du perspectivisme qu'elles soient techniques ou philosophiques. Le retour vers la technique est certes un mouvement important, mais peut-on pour autant considérer le sens technique comme le sens original du perspectivisme ? On peut commencer à en douter

*. Elkins, *Poetics of Perspective*, p. 21.

si l'on remarque que la technique est en fait une métaphore : la *perspectiva artificialis* apparut après et s'inspira de la *perspectiva naturalis* (terme par lequel on désignait au Moyen Âge non pas la perspective vivante à proprement parler, mais la science optique, ce qui marque déjà un décalage).

Cependant, en sens inverse, la technique perspectiviste modifia à son tour la perspective naturelle : dans le dispositif de Brunelleschi, l'observateur est devenu borgne, contraint à ne regarder que par un seul trou. En fait, la *perspectiva artificialis* s'immisce dans la *perspectiva naturalis* de telle sorte qu'il n'est jamais simple de savoir ce qui est la métaphore de quoi, de séparer l'original de ses dérivés.

Du reste, vouloir retourner à un sens original et, au passage, oublier toutes les autres significations et transformations qui ont enrichi le concept au cours du temps, c'est supposer qu'il existe une et une seule bonne conception du perspectivisme. Or, ceci est loin d'être établi.

Il est heureusement possible – c'est notre pari – de conserver les différentes couches du concept et d'observer comment, de la plus simple à la plus élaborée, de la plus ancienne à la plus neuve, chaque version enrichit et complexifie le perspectivisme, chaque pli modifiant les autres. En nous inspirant de la notion de version telle que l'a travaillée Vinciane Despret, nous proposons de nommer notre approche du perspectivisme : « le pari des versions*. »

*. Sur la notion de version, voir Despret, *Quand le loup habitera avec l'agneau*.

Caméra embarquée

Le *punto dell'occhio*, cet œil espiègle de Brunelleschi, a pu devenir, au cours de l'histoire, un simple point géométrique, sans corps et sans vie. À l'inverse, ce qui n'était plus qu'un point géométrique a pu être revivifié chez un Thayer par exemple. En effet, comme il l'affirmait lui-même, c'est son talent de peintre et ses compétences dans l'art du perspectivisme pictural qui l'inclinèrent à prêter attention aux points de vue des animaux, à s'accroupir pour se mettre à leur hauteur.

Ce qui n'était devenu qu'un point quelconque permettant de structurer le tableau redevint, chez lui, un point vivant et crucial : le point depuis lequel les prédateurs toisent leurs proies. De ses expériences réalisées avec ses modèles en bois, ses photographies et ses peintures, il arguait que l'efficacité du camouflage ne pouvait être évaluée que depuis ce point de vue là – c'est-à-dire l'exact inverse d'un point de vue quelconque et désincarné.

En fait, cette notion de perspective le mettait à l'œuvre : il se sentait contraint par les animaux, car lorsqu'il étudiait une robe animale, c'étaient les prédateurs de l'animal en question qui lui dictaient où placer les modèles qu'il avait bricolés et à quelle hauteur fixer son objectif. Pour autant, dans son approche, le point de vue restait conçu comme un lieu d'observation (« un foyer de regard ») et non pas encore comme un point d'yeux à proprement parler ; en effet, l'enjeu de Thayer n'était pas de savoir comment voit tel ou tel animal, mais simplement – ce qui est déjà crucial – d'où il regarde.

Un outil relativement récent dans les recherches éthologiques partage avec la pratique de Thayer cette conception des perspectives comme lieux d'observation. Il s'agit de la « caméra embarquée » (« *crittercam* » en anglais), c'est-à-dire une caméra que l'on installe sur le dos ou sur le torse des animaux. Bien que les premiers essais datent des années 1980, ce n'est qu'au début des années 2000 que l'usage de telles caméras s'est généralisé, notamment sous l'impulsion et grâce aux soutiens financiers de la National Geographic Society*. C'est d'abord en biologie marine qu'ont été mises au point ces *crittercams*. Ce terme est composé du mot *critter*, un terme affectueux sans équivalent en français pour créature ou animal, et *cam*, diminutif de caméra, un terme qui connote également une dimension affective.

À partir des années 1930, quelques scientifiques commencèrent à attacher des senseurs sur des animaux marins. Per Scholander est souvent mentionné comme l'un des pionniers des technologies de *bio-logging*, un terme récent qu'on pourrait traduire par « bioarchivage » et qui désigne tous les senseurs qu'on arrime à un animal**. Ainsi, grâce à un manomètre enregistrant la pression maximale atteinte – un tube de 60 centimètres, la miniaturisation des technologies n'avait pas encore eu lieu –, il put déterminer

*. Pour une présentation historique succincte, voir Kooyman, « Animal-borne instrumentation systems and the animals that bear them » ; pour un compte rendu des premières utilisations jusqu'en 1995, voir Marshall, « *Crittercam* » ; pour le début des années 2000, voir Moll, *et al.*, « A new "view" of ecology ».

**. Fehlman & King, « Bio-logging ».

que le rorqual pouvait plonger à plus de 350 mètres de profondeur.

Gerald Kooyman a participé à l'amélioration des *bio-loggers*, en particulier à leur miniaturisation afin de les placer sur des animaux de plus petite taille, ce qui lui permit notamment d'étudier les plongeons des manchots (il put ainsi établir en 1971 qu'ils nagent jusqu'à 265 mètres sous la surface). Un de ses étudiants, Greg Marshall, demanda un financement pour placer une caméra à la place des senseurs en soutenant qu'un tel projet permettrait d'avoir « une idée de ce qu'est la vie des animaux aquatiques depuis leur propre point de vue* ».

Malgré le scepticisme de ses collègues – de Kooyman notamment – qui estimaient que la technologie ne s'y prêtait pas encore, Marshall parvint, à la fin des années 1980, à fixer une caméra sur une tortue de mer. Les images qu'il récolta quelques jours plus tard, ainsi que celles glanées ultérieurement par lui-même ou des collègues, sur une vingtaine d'autres espèces (des lions de mer, des phoques, des baleines, des requins…), fournirent une manne d'informations sur ces animaux. Marshall proposa de classer ces informations ainsi collectées en quatre catégories que nous reprendrons ici**.

– La première concerne les manières de plonger des animaux, ce qui inscrit clairement cette technologie dans la continuité des premiers *bio-loggers*. Plusieurs styles de

*. C'est ainsi que le relate Kooyman, « Animal-borne instrumentation systems », p. 7.

**. Marshall, « *Crittercam* ».

plongée ont pu être distingués et corrélés à des activités spécifiques (attraper une proie, se cacher, se déplacer…). Dans cette veine, Marshall cite une étude qui prouvait qu'en fonction de la profondeur sous l'eau, les cétacés adaptent leurs mouvements corporels afin de consommer moins d'énergie au fur et à mesure que la quantité d'oxygène disponible s'amenuise.

– La deuxième catégorie d'informations porte sur l'habitat des animaux. Alors qu'on estimait que les légines, des poissons des mers australes, vivaient entre 300 et 500 mètres de profondeur, des caméras accrochées à des phoques montrèrent qu'ils étaient également très présents plus haut, à 200 mètres de profondeur.

– La troisième catégorie d'informations produites par les *crittercams* concerne les habitudes de chasse et de cueillette des animaux. Pour protéger les phoques d'Hawaï, le gouvernement américain avait interdit la pêche à moins de 40 mètres dans leurs zones de vie, car on estimait que c'était à ces petites profondeurs qu'ils se nourrissaient. Cependant, des études avec des *crittercams* démontrèrent qu'ils chassaient aussi plus bas, dans des zones où ils étaient donc en concurrence avec la pêche commerciale.

– Enfin, ces caméras embarquées apportent des connaissances sur certains comportements sociaux des animaux. Ainsi, une étude parue en 2019 a permis de prouver l'existence de relations homosexuelles chez les calmars*.

*. Hoving, *et al.*, « Same-sex sexual behaviour in an oceanic ommastrephid squid ».

On comprend que l'objectif des caméras embarquées n'est pas, comme c'était le cas chez Caro ou Uexküll, de voir à travers les yeux des animaux, mais simplement de suivre ces derniers dans leurs déplacements et, de la sorte, explorer ces lieux avec eux, en chevauchant sur leur dos ou en s'accolant à leur ventre.

Le point de vue ne correspond pas ici à une manière de voir, mais à un foyer de regard, un lieu d'observation ou même plus généralement le lieu de vie ou le biotope où évolue l'animal considéré. À cet égard, la conception de la perspective qui sous-tend les projets utilisant des *crittercams* rejoint celle qui animait les travaux de Thayer. Ce dernier se rendait lui-même sur place, s'accroupissait, se mettait (littéralement) à la place des animaux qu'il étudiait. En revanche, ce type d'investigation n'est pas envisageable dans les fonds marins ou en pleine nuit dans la savane ni même en ville.

Le corps des animaux est enrôlé dans le dispositif des *crittercams* : c'est sur le dos ou sur une autre partie du corps que la caméra est installée. L'animal, qui devient en quelque sorte caméraman, est donc central dans ce dispositif. Pourtant, d'une certaine manière, les vidéos n'attirent pas l'attention sur les animaux qui guident notre regard, mais sur ce qui se passe autour d'eux. Jusqu'à un certain point, on pourrait imaginer un robot-espion qui capturerait les mêmes scènes : le genre d'informations qu'on obtiendrait d'un tel dispositif serait du même acabit.

Il n'en demeure pas moins que, dès le départ, les *crittercams* ont été conçues comme une technique permettant de voir le monde, les océans, « à travers les yeux des animaux». D'ailleurs, si la National Geographic Society accepta de financer de tels projets, c'était justement dans le but de diffuser les reportages filmés «du point de vue des animaux». National Geographic a ainsi produit une série de courts documentaires, *Crittercam Chronicles*, qui nous font suivre tour à tour: les baleines à bosse, les requins, les phoques, les manchots empereurs, les tortues, les dauphins pilotes, les baleines bleues et les lions de mer*.

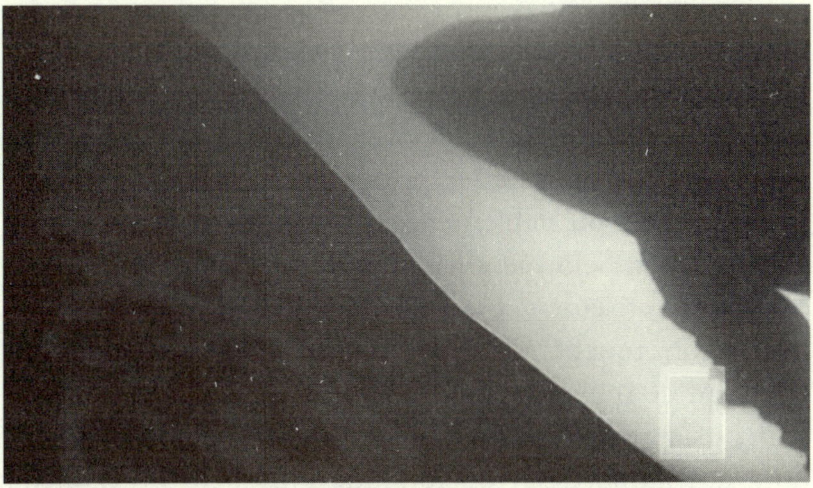

Illustration 28 : Extrait de l'épisode sur les baleines à bosse des *Crittercam Chronicles*.

Les vidéos obtenues avec les *crittercams* correspondent en fait à une prise de vue cinématographique singulière: le point de vue subjectif. Mis à part quelques films expérimentaux,

*. Voir la page de présentation de la série: <https://www.natgeotv.com/me/crittercam-chronicles/about> (consultée le 24 octobre 2023).

tels *La Dame du lac* (1947) de Robert Montgomery ou *Maniac* (2012) de Franck Khalfoun, qui l'ont utilisé comme prise de vue principale, le plus souvent, le point de vue subjectif n'est employé que pour de très courtes séquences. Et pour cause, les séquences filmées depuis un point de vue subjectif sont difficilement compréhensibles.

Dans une scène de *Maniac*, par exemple, on voit une cuvette et, sans qu'on s'y attende, tout d'un coup, on voit dégouliner du vomi juste devant notre visage. Il s'agit du personnage principal, un tueur en série, qui est malade. Ce personnage, Frank, impose le point de vue à la caméra sans qu'il ne soit jamais vu, si ce n'est dans le reflet d'un miroir.

En tant que spectateurs, nous voyons les vomissements sans ressentir préalablement les nausées ni les douleurs abdominales. Selon le critique du cinéma Julian Hanich, ce type de prise de vue est déconcertant parce que « nous ne pouvons toucher, sentir, goûter ou ressentir proprioceptivement ce que le personnage perçoit ; il nous manque, par conséquent, l'expérience sensorielle que nous sommes pourtant supposés vivre selon l'idéal implicite ou explicite de l'identification radicale avec le personnage* ».

À l'inverse de la photographie qui nous laisse le temps de penser au point de vue, le mouvement du cinéma produit en nous une tout autre attente : lorsqu'on observe un

*. Hanich, « Experiencing extended point-of-view shots », p. 132. Nous n'aborderons pas ici les prises de vue dans les jeux vidéo (où le point de vue subjectif est beaucoup plus courant). Pour une comparaison film/jeu vidéo, voir Galloway, *Gaming*, chap. 2 (intitulé « Origins of the first-person shooter »).

mouvement, on cherche à en connaître la raison, voire l'intention. Or, les éléments corporels qui accompagnent les mouvements – la douleur au ventre, l'odeur nauséabonde des lieux, la tête qui tourne – restent hors champ. Sur l'écran, il manque le corps de celui qui regarde.

Certes, l'image fixe est une abstraction, car il n'y a jamais de perception visuelle (ou non visuelle d'ailleurs) qui ne soit pas en mouvement, en flux, en continu. Cependant, en effaçant le mouvement, cette abstraction instaure une pause qui permet au spectateur d'appréhender autrement les images qui se présentent à ses yeux. C'est sans doute pour cette raison que les vues obtenues par les caméras embarquées sur les animaux ne sont en fait que très rarement montrées, même dans les *Crittercam Chronicles*.

Haraway analyse cette série documentaire : « Le plus frappant, peut-être, c'est la petite quantité d'images issues directement d'enregistrements de la *crittercam* par rapport à toutes les autres prises de vue qui submergent les épisodes, des prises de vue sous-marines des animaux et de leur environnement*. » Les documentaires se focalisent davantage sur la difficulté de fixer les caméras sur les animaux que sur les images obtenues grâce à elles. Et la philosophe d'ajouter : « En réalité, les plans-séquences provenant de la *crittercam* sont généralement assez monotones et difficiles à interpréter, un peu comme une échographie d'un fœtus. »

*. Haraway, *Quand les espèces se rencontrent*, p. 401 (traduction légèrement modifiée).

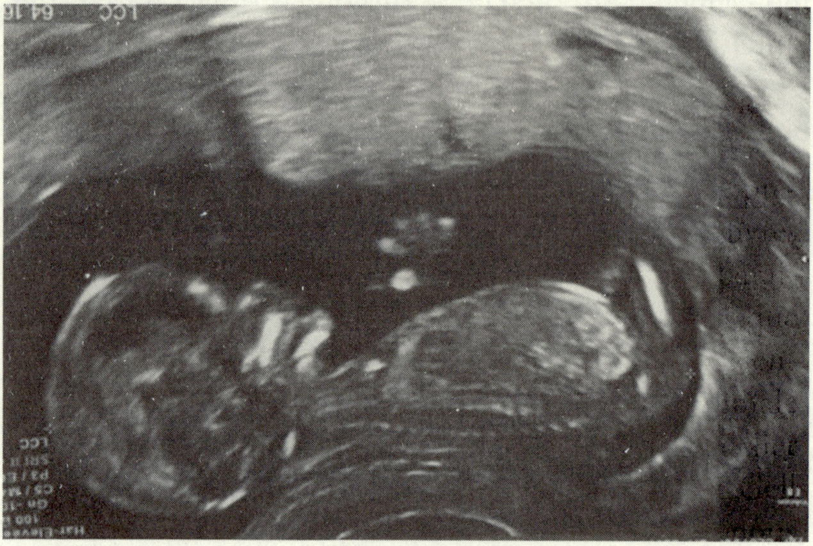

Illustration 29 : Échographie.

La comparaison suggérée par Haraway entre les films produits avec des *crittercams* et les échographies fœtales permet aussi de marquer la différence entre l'image mouvante et l'image fixe. L'arrêt sur image, l'effacement du mouvement n'est pas une simple soustraction, mais plutôt une addition, une augmentation : sur les clichés tirés des échographies, on perçoit bien les formes du fœtus en gestation, alors que les images en mouvement sur l'écran du gynécologue sont très difficiles à interpréter sans les explications du médecin. C'est grâce à la fixité de la photographie qu'on y voit plus clair. Comme dans le cas des images perspectivistes en éthologie, en général, les images d'échographie sont plus lisibles à l'arrêt qu'en mouvement.

La difficulté à comprendre les séquences filmées avec des *crittercams* est telle que lorsqu'apparaissent les premières images captées depuis le dos des baleines dans le premier épisode des *Crittercam Chronicles*, la voix *off* explique – se doit d'expliquer, car le public pourrait trouver cela fort décevant – que « la vidéo peut paraître verdâtre et granuleuse, mais pour [les] scientifiques c'est de l'or pur* ». Les *crittercams* sont en quelque sorte plus proches du senseur (d'où elles proviennent) que de la photographie ou du film : elles révèlent des informations utiles, mais leurs images sont difficiles à visualiser. À l'instar de ce qui se passe dans le cinéma de fiction, « la tentative d'instaurer une identification forte avec le personnage au moyen de prises de vue à la première personne produit, assez paradoxalement, le contraire de l'effet escompté** ».

La tête dans les étoiles

Donna Haraway assimilait les images obtenues grâce à un télescope aux images perspectivistes « à la Uexküll » dans le mesure où les machines auraient aussi des points de vue. Dans son livre *Scientific Perspectivism*, Ronald Giere reprend et poursuit le programme d'Haraway***. Il

*. National Geographics, *Crittercam: Bubbleneck Humpacks*, min. 5.

**. Hanich, « Experiencing extended point-of-view shots », p. 127-128.

***. Giere, *Scientific Perspectivism*, p. 120 : « Les féministes pourraient apercevoir le parallélisme entre mon perspectivisme et celui d'Haraway. » Une version plus longue de l'argument de ce chapitre est parue dans un livre collectif dirigé par Camille Chamois et Didier Debaise sur les *Perspectivismes métaphysiques*. Voir De Meyer, « Épaissir le perspectivisme scientifique ».

y compare également les perspectives vivantes à celles des machines.

Son projet ne porte pas exclusivement sur les images, mais c'est bien à travers l'étude d'une image télescopique qu'il développe, pour reprendre ses termes, un « réalisme perspectiviste » dont l'objectif est de trouver « une véritable alternative au réalisme objectiviste et au constructivisme social* » ; ailleurs, il dit plus sommairement vouloir chercher un juste milieu entre « l'objectivisme et le subjectivisme** ».

Pour établir cette voie médiane, Giere propose une analogie entre les images scientifiques et la vision des couleurs. Les couleurs, explique-t-il, n'existent pas sans observateur ; les choses n'ont pas de couleurs par elles-mêmes. Pourtant, continue-t-il, « les perspectives visuelles sont intersubjectivement objectives*** ». Par-là, il entend que « la plupart des gens voient, dans des circonstances similaires, généralement les mêmes objets comme colorés similairement ». Giere insiste sur la similarité des circonstances : pour son argumentation, il est essentiel que les conditions, les personnes, les objets soient similaires car, selon l'épistémologue, c'est la similarité qui permet d'établir l'intersubjectivité.

Néanmoins, il n'explique pas comment obtenir une telle similarité ; comment s'assurer que deux paires d'yeux sont similaires, que les conditions d'observation sont les

*. *Ibid.*, p. 14.

**. *Ibid.*, p. 32.

***. *Ibid.*, p. 14.

mêmes, qu'on regarde le même objet, etc. Cette question pratique – comment établir de la similarité ? – est pourtant décisive puisque c'est sur base de la similarité des conditions que l'épistémologue conclut que « les couleurs sont assez réelles [*real enough*] », tout en affirmant que « leur réalité est perspectiviste ». Plus loin dans son ouvrage, il parle même de réalité interactive ou relationnelle : « Le mieux est de ne concevoir les couleurs ni comme entièrement objectives ni comme entièrement subjectives, [...] mais comme une propriété de l'interaction entre le monde physique et les observateurs humains*. »

Par analogie, il applique ensuite son « réalisme perspectiviste » aux observations scientifiques. Il commence par noter que « comme le système visuel humain, les instruments ne sont sensibles qu'à un certain genre d'*inputs* [*a particular kind of input*]** ». Dans des termes qui rappellent ceux d'Uexküll, l'épistémologue dit à propos de ces instruments qu' « ils sont, pour ainsi dire, aveugles à tout le reste ».

En plus d'être sélectifs, les instruments d'observation scientifique sont aussi biaisés : « Aucun instrument n'est parfaitement transparent. En effet, l'*output* est fonction à la fois de l'*input* et de la constitution interne de l'instrument. » Il est essentiel, comme Giere nous y invite, de prêter attention aux contraintes des instruments scientifiques, car ceux-ci ne permettent jamais de tout voir ; ils ne donnent pas accès à la réalité en soi. Le philosophe

*. *Ibid.*, p. 38-39.
**. *Ibid.*, p. 14.

insiste sur le fait qu'en fonction des perspectives, c'est-à-dire en fonction des instruments d'observation, nous percevons autrement le monde. Il développe cette idée à partir d'une image du télescope Hubble.

Ce télescope a été lancé en 1991 mais, à cause d'un problème technique, il n'a pu réaliser sa première image qu'en 1993. C'était la première fois, dit l'épistémologue, que l'on obtenait des images depuis un télescope situé en dehors de la terre, ce qui permettait de profiter d'une vue plus dégagée, qui n'était perturbée ni par les nuages ni par la lumière anthropogène.

En réalité, des télescopes spatiaux ont été mis en service bien avant Hubble, même s'il est vrai qu'ils n'ont pu être exploités que brièvement et que les images qu'ils ont produites étaient de bien moindre qualité*. Sans doute ne s'agit-il ici que d'un détail, une imprécision sans conséquence pour l'argument de l'auteur. Cette imprécision révèle néanmoins un aspect problématique du travail de Giere, à savoir, comme nous le verrons, qu'il ne porte qu'une attention anecdotique à l'histoire des instruments.

De fait, sa réflexion se focalise sur les mécanismes du télescope, notamment les fréquences des rayons gamma qu'Hubble est capable de détecter. Pour construire une image de l'univers, le télescope capte les rayons lumineux pendant quatorze heures ; l'image n'est donc pas un

*. Les premiers télescopes spatiaux opérationnels étaient l'Orbiting Astronomical Observatory de la Nasa, lancé en 1968, et l'Orion-1 de l'Union soviétique lancé en 1971. Ces télescopes n'ont fonctionné que pendant de très courtes durées. Sur ces télescopes, voir Wikipédia anglophone, « Space telescope » (consulté le 15 janvier 2024).

instantané, mais la synthèse de rayons captés pendant un intervalle temporel relativement long. Ce dispositif permet de reconstituer ce que pourrait voir un humain qui se trouverait très près du centre de l'univers et qui serait capable de percevoir des rayons électromagnétiques.

La conclusion de Giere est qu'absolument tout dans ces images est transformé ; que ces images, par ailleurs, ne rendent compte que de certaines fréquences de rayons gamma. Le reste de l'univers est ignoré, mis de côté. À l'instar de l'abeille d'Uexküll (celle pour qui seules les fleurs existent au détriment des pistils, par exemple), pour le télescope Hubble rien n'existe en dehors des rayons gamma qu'il capte. Une image obtenue grâce à ce télescope n'est donc pas l'image du centre de l'univers *simpliciter*, mais celle du centre de l'univers depuis une perspective partielle.

La discussion de Giere sur Hubble rappelle la perspective linéaire utilisée en architecture, car cette dernière permet également de voir le monde depuis des perspectives qui nous étaient inaccessibles. En effet, sur base des plans du baptistère, par exemple, il est possible de construire une image de cet édifice vu du haut sans avoir besoin de s'élever dans le ciel. La perspective linéaire est apparue d'abord comme une reproduction du point de vue des humains, mais s'en est ensuite indépendantisée. D'une façon similaire, le télescope permet aux humains de voir le monde depuis d'autres lieux, et, en particulier, de différents lieux de l'espace.

Hubble a hérité de la technologie photographique et, par là même, du perspectivisme pictural. Néanmoins, cet instrument s'est écarté de la perspective humaine dans la mesure où il est sensible aux rayons gamma que nos yeux ne perçoivent pas. La perspective linéaire tout comme le télescope Hubble partent de la perspective humaine, mais l'étendent au-delà de ses confins habituels, l'emmènent en dehors de son habitat, de son foyer. Ces techniques ne produisent pourtant pas, contrairement à un certain discours à leur propos, des vues « depuis nulle part » : les perspectives qu'elles nous offrent restent partielles et situées.

Alors que Giere décrit en détails les mécanismes du télescope Hubble, il ne s'attarde pas à nous raconter l'histoire de sa construction ; il ne pose pas la question de ce que requiert la construction des images spatiales. Or, comme nous y invite Haraway, pour savoir ce qu'une perspective exige, il faut changer de focale : au lieu de s'intéresser à une perspective qui existe déjà, une perspective « toute faite », il faut se demander comment celle-ci a émergé. Pour un tel exercice, il est indispensable de retracer l'histoire de l'instrument et tâcher, ce faisant, de répondre à une multitude de questions.

– Dans le cas d'Hubble, nous pourrions nous demander d'où vient le matériel qui a permis de construire le télescope*. Les ingénieurs ont décidé de construire le télescope avec du verre Corning Code 7971, car il s'agit d'un verre qui a la propriété physique de ne pas trop se dilater ni de se contracter lors des changements de température. Sans ce verre, le télescope n'aurait pas pu exister.

*. Sur l'histoire d'Hubble, voir l'entrée « Hubble space telescope » du Wikipédia anglophone (consultée le 15 janvier 2024).

– Quelles usines ont été nécessaires à sa construction ? Le télescope a été réalisé par PerkinElmer, une entreprise spécialisée dans la production de matériel scientifique, mais une copie en a été réalisée par Kodak au cas où l'original présenterait des anomalies techniques.

– Quelles théories étaient à l'origine de cet appareil ? Déjà dans les années 1940, des astrophysiciens, Lyman Spitzer notamment, soulignaient qu'un télescope spatial serait plus efficace que sa version terrestre (notamment parce que la lumière de fond est moins importante dans l'espace et que les rayons ultraviolets et infrarouges n'y sont pas amoindris par l'atmosphère).

– Quelles institutions ont porté le projet ? La Nasa, un consortium de trente-deux universités américaines et le Centre spatial européen sans qui le télescope n'aurait pas été mis au point.

– Comment mettre le télescope sur orbite ? Il a fallu une navette, mais aussi, en amont du lancement, d'énormes camions pour transporter les parties de l'instrument et les assembler.

– Qui a bien pu payer pour ce mégaprojet ? On pourrait se référer aux débats au Congrès américain qui pendant longtemps a refusé de soutenir Hubble. Si les sénateurs n'avaient pas adhéré au projet, il n'y aurait jamais eu de télescope.

Et ainsi de suite. Cette liste de questions, qui est loin d'être exhaustive, vise surtout à faire sentir que, si Hubble a pu voir le jour, vingt ans après le lancement du projet, c'est grâce à l'agencement d'un énorme réseau social et des efforts de très nombreuses équipes.

Les images télescopiques peuvent induire l'impression que les humains sont capables de se rendre là où ils veulent, qu'ils peuvent voir l'univers depuis où bon leur semble et que nous nous serions libérés pour de bon de toute contrainte. C'est ce qu'Haraway appelait l'illusion ou l'allégorie de la mobilité infinie. On retrouve souvent cette allégorie dans les textes qui accompagnent les magnifiques images de l'univers dans les revues de vulgarisation scientifique.

Or, il suffit de prêter attention aux processus de fabrication des outils qui permettent d'obtenir ces points de vue pour se rendre compte de la pauvreté de cette narration qui élude tout l'effort que nécessite la construction de telles images. La philosophe tente au contraire d'inventer une nouvelle manière de parler des perspectives. Celle-ci consiste à raconter « l'attention affectueuse dont s'arment certaines personnes pour apprendre à voir fidèlement à partir du point de vue d'un autre, même quand cet autre est l'une de nos machines* ». Elle nous invite ainsi à nous intéresser au processus lent et exigeant qu'est la construction des images scientifiques, à mille lieues de l'illusion de la mobilité infinie. Raconter le processus de construction nous permet en outre de garder les pieds sur terre, même lorsqu'on a la tête dans les étoiles.

*. Haraway, « Savoirs situés », p. 118.

5
Rencontre et différence

Où la question est posée de savoir si les images perspectivistes reproduisent *des points de vue. Ne peut-on pas trouver une meilleure manière de décrire le travail qu'accomplissent ces œuvres graphiques ?*

Champs et contrechamps

« Rencontrez nos équipes de tournage – ce sont tous des animaux ! Installez-vous confortablement et imaginez-vous observer la vie depuis le point de vue d'un pingouin ou chevaucher le plus grand mammifère au monde. La nouvelle série documentaire produite avec des *crittercams* vous emmène au plus proche du monde animal*. »

Il s'agit d'un extrait de la campagne publicitaire de la série documentaire *Crittercam Chronicles*. Donna Haraway conteste cet idéal d'immédiateté, ce rêve de voir

*. Cité dans Haraway, *Quand les espèces se rencontrent*, p. 392 (traduction légèrement modifiée).

comme un animal sans intermédiaire : « Faire l'expérience immédiate de l'altérité, résider en l'autre comme en un nouveau soi, vivre des sensations et découvrir la vérité, tout cela certifié sans contamination due aux interférences et aux interactions : voilà l'appât de *Crittercam*, l'émission de télévision, et de la *crittercam*, l'instrument*. »

Après avoir retracé l'histoire des *crittercams*, Haraway retravaille une métaphore utilisée par Greg Marshall, le biologiste à qui l'on attribue l'invention de ces caméras embarquées, une métaphore qui permet d'infléchir la philosophie de l'identification : la *crittercam* est comme un rémora. Les rémoras sont des poissons qui s'accrochent grâce à des organes de succion à des poissons plus gros qu'eux, comme des requins.

Haraway explique : « Notre récit d'origine prend ainsi désormais un tour plus intéressant : nous ne sommes plus plongés dans une idéologie caricaturale d'immédiateté et de soi dérobés. Au lieu de cela, Marshall aspire et construit le point de vue intime qu'a le rémora sur la vie du requin. Les corps sont certes encore effacés, mais le devenir-rémora est tout de même beaucoup plus prometteur dans un monde d'espèces enchevêtrées**. »

L'anthropologue des connaissances Emmanuel Grimaud analyse un autre projet scientifique utilisant des *crittercams****. Il s'intéresse, en l'occurrence, au travail de William Gilly, un biologiste qui a arrimé des caméras sur

*. *Ibid.*, p. 393 (traduction légèrement modifiée).

**. *Ibid.*, p. 394.

***. Grimaud, « From the squid's point of view ».

des calmars. Sans se référer à Haraway, Grimaud développe un argument similaire au sien. L'anthropologue qualifie le projet de Gilly de « perspectivisme embarqué ». Il se demande si un tel « perspectivisme embarqué constitue une révolution de perspective* ».

Grimaud insiste sur le fait que la caméra n'élimine pas les médiations; au contraire, elle en ajoute une. Pour prendre en compte le point de vue des calmars, Gilly a dû s'équiper d'instruments. Grimaud remarque que ce n'est pas en s'identifiant à la chauve-souris – ce que le philosophe Thomas Nagel estimait impossible – qu'on peut savoir ce qu'elle perçoit; c'est au contraire en ajoutant des médiateurs qu'on peut s'en approcher, qu'on peut accéder à « son voisinage » : « Lorsque nous parlons du point de vue d'un aigle ou d'un pélican, il faudrait spécifier que c'est *dans le voisinage* de l'aigle ou du pélican que de nouveaux points de vue possibles émergent – le point de vue de leurs ailes, par exemple**. »

Les caméras embarquées ajoutent des perspectives, produisent de nouvelles perspectives, des perspectives tierces. L'enjeu, dès lors, n'est plus affaire de transparence – est-ce que la caméra rend fidèlement compte du point de vue de l'animal ? – mais de « quantité de nouveauté », pour reprendre la formulation de Grimaud : est-ce que la caméra embarquée ajoute de la nouveauté, produit de nouvelles expériences en nous, nous offre de nouvelles connaissances*** ?

*. *Ibid.*, p. 57.
**. *Ibid.*, p. 64.
***. *Ibid.*, p. 68.

La notion de voisinage permet aussi de penser la relation entre la connaissance et la curiosité. Le voisin est curieux : il regarde et, parfois, épie ou espionne. On peut évidemment critiquer cette attitude qui peut s'avérer gênante, voire oppressante, mais il faut aussi en souligner l'importance pour la cohabitation. La curiosité permet, en effet, d'assurer des relations de bon voisinage. Elle permet de savoir à quoi les voisins sont attachés et, donc, à quoi il importe de prêter attention. Les *crittercams* nous transforment en voisins d'animaux marins et nous apprennent, ce faisant, à porter le regard sur ce qui les intéresse ; ce dispositif peut produire dans la foulée des obligations envers eux, comme lorsqu'on refuse de pêcher certaines de leurs proies.

Gilles Deleuze mentionne quelques éthologues dans ses travaux. Il a également proposé une définition originale de l'éthologie comme l'ensemble des études « qui définissent les corps, les animaux ou les hommes, par les affects dont ils sont capables* ». Parallèlement, Deleuze a construit une philosophie des images, des images cinématographiques principalement, mais aussi de la peinture (notamment dans son livre sur Francis Bacon). Néanmoins, assez étonnamment, lorsqu'il aborde Uexküll, à l'instar de tant d'autres philosophes, il ne s'arrête pas sur les images perspectivistes. Pourtant, il semble pertinent de rapprocher sa philosophie du cinéma de la philosophie de l'éthologie**.

*. Deleuze, *Spinoza*, p. 167.

**. Cullen, *Deleuze and Ethology*, p. 93.

Tout comme en peinture ou en éthologie, la question perspectiviste s'impose au cinéma : ce que les personnages voient et ressentent dans un film est évidemment essentiel pour le déroulement du scénario. Pourtant, les prises subjectives s'avèrent fort rares au cinéma. Lorsqu'une caméra subjective est utilisée, c'est presque toujours en conjonction avec un cadrage objectif.

Illustration 30 : Basculement de la caméra objective à la caméra subjective.

On voit, par exemple, d'abord le visage effrayé d'un personnage (caméra objective) avant de voir le serpent qu'il voit (caméra subjective) et, encore, il s'agit le plus souvent d'une caméra au-dessous de l'épaule de l'acteur (caméra

« avoisinante », pourrait-on dire). Le plus fréquemment, la caméra bascule à nouveau vers la vue objective juste après. La technique cinématographique du champ/contrechamp suggère qu'on ne s'approche pas de la vision subjective en éliminant l'observateur (dans ce cas, la caméra objective), mais en oscillant entre le point de vue du personnage et celui de l'observateur.

Haraway remarquait que, en définitive, les *Crittercam Chronicles* ne présentent que très rarement des images depuis le dos des animaux, car celles-ci sont difficiles à interpréter. Avec Deleuze et Cullen, on pourrait ajouter que l'oscillation des prises de vue permet de donner du sens à une perspective subjective. En fait, pourrions-nous dire, Haraway décèle dans les *Crittercam Chronicles* trois versions du perspectivisme, bien qu'elle n'utilise elle-même pas cette notion. Après avoir présenté l'idéal d'immédiateté mis en avant dans les campagnes publicitaires pour cette série documentaire (première version) et la métaphore du rémora où l'objectif est moins de prendre la place de l'autre que de partager son voisinage (seconde version), elle remarque que les reportages mettent surtout en scène des « athlètes scientifiques » qui s'efforcent de s'approcher des animaux (troisième version).

Car ce n'est qu'à la suite de nombreuses tentatives qu'ils arrivent à fixer les caméras sur leurs dos. Dans ces jeux d'approche, une zone de contact affleure : les corps s'adaptent les uns aux autres et finissent à force d'essais par s'ajuster. C'est ce travail d'ajustement que Deleuze cherchait à mettre en exergue dans sa définition de l'éthologie qui insistait sur son aspect expérimental et interactionnel :

« Vous ne savez pas ce dont vous êtes capables, en bon et en mauvais, vous ne savez pas d'avance ce que peut un corps ou une âme, dans telle rencontre, dans tel agencement, dans telle combinaison*. »

Deleuze manifeste beaucoup d'intérêt pour une autre technique cinématographique. Dans certaines prises de vue, l'opposition entre subjectif et objectif s'estompe. C'est le cas, par exemple, lorsqu'on voit un homme ivre : on voit son corps et ses gestes, de l'extérieur (depuis un point de vue objectif dans ce sens-là), mais l'image est ballottée et floutée afin de rendre compte de l'ébriété du personnage. La vue subjective s'enchevêtre dans la vue objective, produisant ce que Deleuze appelle une vue « mi-subjective** ».

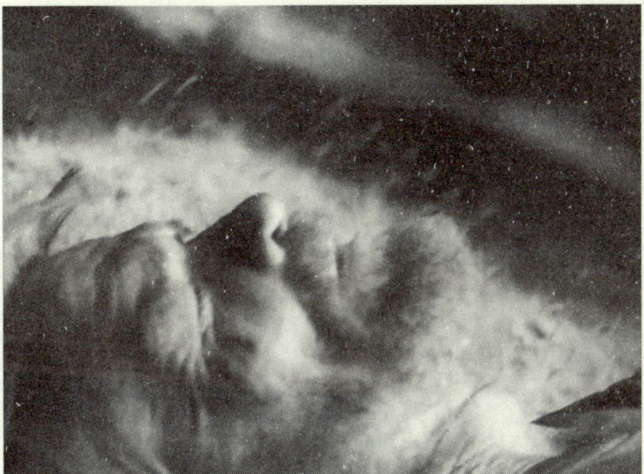

Illustration 31 : Exemple de caméra semi-subjective.

*. Deleuze, *Spinoza*, p. 168.

**. Deleuze, *L'Image-mouvement*, p. 106. Laoureux et Van Eynde analysent ce genre de caméra dans le film *Soy Cuba* de Mikhaïl Kalatozov. Voir leur livre *Soy Cuba de Mikhaïl Kalatozov*, chapitre 3.

Il rapproche ce type de prises de vue singulières du discours indirect libre en littérature. Il s'agit d'un discours dans lequel des paroles sont rapportées à la troisième personne sans être introduites par une clause déclarative telle « il dit que » ou « elle pense que ». La fable de la mort et du bûcheron est l'exemple classique de ce style discursif. Jean de La Fontaine y présente : « Un pauvre bûcheron, tout couvert de ramée, / Sous le faix du fagot aussi bien que des ans / Gémissant et courbé, marchait à pas pesants, / Et tâchait de gagner sa chaumine enfumée. / Enfin, n'en pouvant plus d'effort et de douleur, / Il met bas son fagot, il songe à son malheur. / Quel plaisir a-t-il eu depuis qu'il est au monde ? »

Dans ce dernier vers, le bûcheron se pose une question à lui-même mais, dans ce cas, comme l'explique le théoricien de la littérature Gérard Genette, « le narrateur assume le discours du personnage, ou si l'on préfère le personnage parle par la voix du narrateur, et les deux instances sont alors *confondues** ».

Bien que les éthologues n'utilisent pas la prise de vue semi-subjective lorsqu'ils produisent des images perspectivistes, leur pratique induit une telle confusion des points de vue. En effet, les éthologues apprennent à prêter attention au monde différemment, à porter leur regard sur ce qui pourrait importer aux animaux. Ils enchevêtrent leur perspective à celle des êtres qu'ils étudient et produisent ainsi une perspective qui n'est plus tout à fait humaine sans non plus être complètement animale.

*. Genette, *Figures III*, p. 194, italiques dans l'original.

C'est exactement ce genre de mélange que David Lahti cherchait à produire lorsqu'il présentait « le pari des *Umwelten* ». Le travail perspectiviste devait notamment permettre aux scientifiques de prêter attention aux aspects des œufs postiches qui pourraient importer aux oiseaux eux-mêmes afin de s'assurer que les différences comportementales observées dans le cadre de l'expérience ne soient pas induites par l'artificialité des œufs, mais par leur couleur. D'une certaine manière, dans leurs rencontres avec les animaux, les éthologues deviennent animaux, non dans le sens qu'ils s'identifient pleinement à eux, mais qu'ils deviennent « capables de s'associer à un autre [être], de voir conjointement avec lui sans prétendre être un autre* ».

Dans *Mille plateaux*, Deleuze et Guattari insistaient eux aussi sur le fait que le devenir-animal n'est pas une identification à un animal (encore moins à l'animalité en général), mais un processus créatif suscité par une rencontre particulière. Dans la troisième version décrite par Haraway, le perspectivisme est un corps-à-corps, une rencontre où rien n'est donné, rien n'est reproduit, tout reste à créer.

*. Haraway, « Savoirs situés », p. 122 (traduction légèrement modifiée).

Des bulles de savon

Les taches de Rorschach ont été conçues pour ne rien représenter, aucun objet – de pures taches. Lorraine Daston et Peter Galison estiment que ces images inversent l'épistémologie de l'objectivité mécanique selon laquelle les enregistrements graphiques devraient représenter des objets de manière automatique afin d'éviter toute subjectivité. Au contraire, le célèbre test psychologique, inventé dans les années 1920, consiste à demander aux patients ce qu'ils perçoivent dans des taches d'encre. En éliminant tout objet dans l'image, le psychologue suisse estimait que les réponses que donneraient les personnes auxquelles on présenterait la série de taches ne viendraient aucunement de l'objet (car il n'y a pas d'objet dans ces images), mais uniquement de leur propre fond, de leur subjectivité.

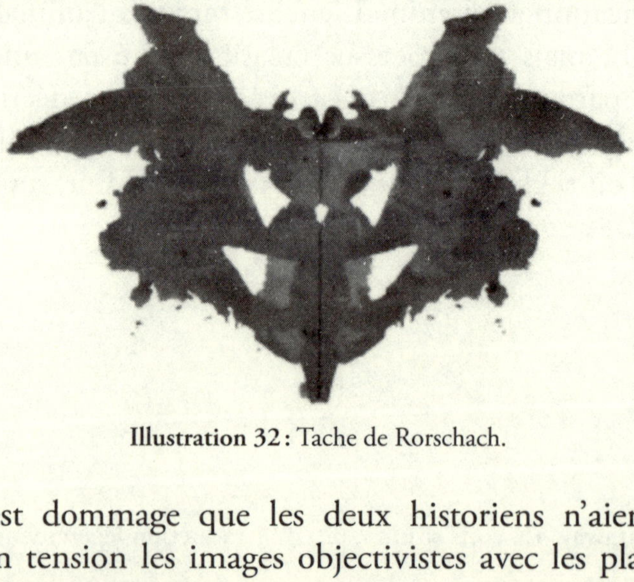

Illustration 32 : Tache de Rorschach.

Il est dommage que les deux historiens n'aient pas mis en tension les images objectivistes avec les planches subjectivistes dans la veine de celles d'Uexküll. S'ils n'ont pas pensé à ces images, c'est sans doute dû, en partie au moins, à la manière dont ils ont posé le problème : « Si l'image objective n'est que nature, et rien qui vienne de nous, alors ne devrait-il pas y avoir une image (par antisymétrie) qui ne soit que nous et ne doive rien à la nature* ? »

Or, à l'instar des taches de Rorschach, les images perspectivistes à la Uexküll mettent l'emphase sur le sujet (nous disions qu'elles étaient subjectivantes) mais, contrairement aux images du fameux psychologue suisse, elles n'éliminent pas complètement l'objet. Ceci rend l'opposition des images subjectivantes aux images objectivistes certes moins patente, mais pas moins forte pour autant.

En outre, Uexküll construit ses images perspectivistes grâce à l'instrument qui a participé à l'émergence de l'objectivité mécanique : la photographie. Néanmoins, en en modifiant les filtres, en intercalant des lattes entre le négatif et la feuille photosensible, l'éthologue allemand modifie l'enjeu de la photographie.

C'est ce qu'explique également l'historienne du cinéma Inga Pollmann qui examine les images de l'éthologue à la lumière de l'analyse historique de Daston et Galison : « Tandis qu'Uexküll emploie la photographie et d'autres instruments techniques similaires pour obtenir des données, il rejette l'idée d'objectivité en soi, car même l'idée d'un temps et d'un espace objectifs n'est qu'une construction ou une illusion. Néanmoins, et précisément pour cette raison, les illustrations et les descriptions colorées

*. Daston & Galison, *Objectivité*, p. 415.

dans son œuvre acquièrent une nouvelle valeur qui leur permet de produire des méthodes alternatives pour créer des images des *Umwelten* animaux – les illustrations deviennent des intuitions (*Anschauungen*) d'*Umwelten**. »

Ailleurs, Daston critique le perspectivisme qu'elle détecte dans la psychologie du XIXe siècle : « Pourquoi, étant donné la probable futilité de la quête, des tentatives soutenues et systématiques ont-elles toutefois été menées pour échapper à l'anthropomorphisme et pour entrer véritablement dans la tête [*mind*] des autres** ? »

Illustration 33 : Bosse, *Les prospecteurs.*

*. Pollmann, « Invisible worlds, visible », p. 803.

**. Daston, « Intelligences », p. 38.

Elle relate comment le perspectivisme a souvent renforcé des pratiques individualistes et des théories relativistes, où chacun se retrouve cloîtré dans son point de vue. Comme les trois hommes sur l'estampe d'Abraham Bosse, les regards ne se croisent pas ; la perspective devient l'obstacle à toute rencontre*. Gilles Deleuze détectait également ce risque lié au perspectivisme, un risque qui « nous renverrait au faux perspectivisme, du type "à chacun sa vérité" » (il parle également de « perspectivisme banal » auquel la philosophie se doit de résister)**.

En plus de constituer un contraste à l'objectivité mécanique, les images perspectivistes auraient pu renforcer la critique du perspectivisme que développe Daston. En effet, ces images, portant chacune sur la perspective d'une espèce différente, sont séparées les unes des autres. De la sorte, ces images mettent en exergue les différences entre les espèces. Les cadres autour des images semblent imperméables : la vision d'une espèce forme ainsi comme un espace séparé, un monde à soi, une bulle.

La bulle de savon est d'ailleurs une métaphore centrale de la pensée d'Uexküll : « Tous ces animaux qui animent la nature autour de nous, que ce soient des coléoptères, des mouches, des moustiques ou des libellules qui peuplent une prairie, nous pouvons nous les représenter entourés

*. Pour une analyse de cette estampe en lien avec le relativisme et le perspectivisme, voir Alloa, *Partages de la perspective*.

**. Deleuze, « Le point de vue » (cours à Saint-Denis), 1'36". Pour le « perspectivisme banal », voir Deleuze, « Sur Leibniz » (séance 1 du 15 avril 1980), 1'19". Sur le perspectivisme chez Deleuze, voir aussi Chamois, *Un autre monde possible*.

d'une bulle de savon qui ferme leur espace visuel et détermine tout ce qui est visible pour le sujet*. » Chaque espèce serait comme une bulle séparée des autres, vivant dans son propre monde, son *Umwelt*.

Si les images perspectivistes peuvent induire cette idée relativiste selon laquelle chaque espèce vivrait dans un monde séparé, c'est notamment à cause d'une caractéristique des images en général : lorsqu'on observe une image, du fait qu'elle est fixe, on est attiré en premier lieu par la stabilité de l'être ; notre attention est portée vers ce qui est à l'arrêt. Pourtant, lorsqu'on regarde attentivement une image, nous n'y voyons que mouvements et actions.

C'est ce que nous enseigne notamment Henri Bergson. Dans un cours portant sur l'histoire des mathématiques, il expose deux manières de concevoir une figure géométrique, un type d'image très simple s'il en est**. La manière ancienne consistait à considérer une figure déjà constituée : on étudie par exemple un triangle. On se donne, dès le départ, un triangle afin de pouvoir établir des rapports entre ses angles et ses côtés.

À l'inverse, grâce aux calculs infinitésimaux, les modernes ont commencé à étudier le mouvement qui donne naissance aux figures : la différence infinitésimale, la différence évanescente entre un point p et le point p' qui le suit, permet

*. Uexküll, *Milieu animal et milieu humain* [*Streifzüge*], p. 70-71. L'argument qui suit reprend des éléments à Despret et Galetic, « Faire de James un "lecteur anachronique" de Von Uexküll ».

**. Bergson, *Histoire de l'idée de temps*. Pour un commentaire qui démontre l'actualité de la pensée de Bergson, voir Pieron, « Présent épais et communs latents temporels ».

d'indiquer vers où *p* tend, vers où il se meut. Notons que *p'* qui suit le point *p*, le point que *p* est en train de devenir, n'est pas un point réel, car il n'y a pas de point exact qui suit *p* dans la mesure où l'intervalle entre *p* et le point qui le suit, aussi petit soit-il, peut toujours être réduit.

Ce qui est réel, par contre, est le devenir *p'* de *p*. La différence infinitésimale indique ainsi le mouvement qu'est en train de prendre la courbe. La courbe ou la ligne qui finit par se tracer résulte de ce mouvement en train de se réaliser en chaque instant. C'est ainsi que Bergson en vient à considérer la figure terminée, l'image que l'on peut voir, comme le résultat d'un mouvement ou, comme il le dit sans métaphore, « l'enregistrement d'un mouvement ». Car, ajoute-t-il, « ce qu'il y a de réel dans la courbe, c'est sa tangente* ».

Il faudrait, de même, considérer les images perspectivistes à la Uexküll ou à la Duprat, tout comme celles de Caro et de Jevbratt, non pas comme des images finies, mais comme l'archive de mouvements ou plutôt, en ce qui les concerne, comme l'archive de relations entre des humains (des scientifiques) et des animaux. Si l'on pouvait paraphraser Bergson, on pourrait affirmer que « ce qu'il y a de réel dans les images perspectivistes, ce sont les rencontres », en l'occurrence les rencontres interspécifiques. C'est précisément pour cela que nous avons pris le temps

*. Bergson, *op. cit.*, p. 281 : « Ce qu'il y a de réel dans la courbe, c'est sa tangente. Ce que nous appelons courbe n'est en quelque sorte que la vision extérieure, l'enregistrement extérieur de ce qui se passe en réalité dans la durée. » Dans le passage en question, Bergson parle de durée, mais dans ce contexte, durée et mouvement sont des quasi-synonymes.

de décrire les études sur lesquelles Caro et Melin, mais aussi Duprat, se sont basés pour établir leurs images. Que ce soient les expériences de Blake avec les chats ou celles d'Entsu avec les vaches, dans tous les cas des humains se sont approchés des animaux.

Contrairement au perspectivisme pictural anthropocentré, dès que nous avons affaire à des images perspectivistes animales, il n'est pas possible, comme dans l'expérience de Brunelleschi, de demander aux sujets de juger la correspondance entre l'image et l'objet qui est vu depuis un point donné. Il est clair que lorsqu'on traite de la vision d'autres espèces animales, nos yeux ne peuvent plus servir d'étalon. Rien n'empêche cependant de chercher des pistes de vérification dans le travail relationnel avec les animaux. C'est ce travail qui permet peu à peu, à partir d'expériences plus ou moins simples, de transporter leurs yeux, de les emmener et de les glisser sur les feuilles d'un livre ou sur l'écran d'un ordinateur.

Flaps et doubles clics

Lorsqu'on cesse de considérer les figures géométriques comme données au départ et qu'on tente de rendre compte au contraire de leur formation, lorsqu'on ne les considère plus comme « déjà faites », mais comme « se faisant » pour utiliser le contraste directeur de la pensée de Bergson, c'est toute la métaphysique qui se met à vibrer.

– La temporalité n'est plus la même, car c'est le présent dans toutes ses incertitudes, dans ses hésitations, dans ses tendances, qui prime là où traditionnellement prévalait l'affection du temps passé. Il est en effet très courant de concevoir les choses alors qu'elles sont déjà jouées et décidées, comme si elles s'étaient déjà complètement déroulées. Cette manière de considérer les choses dans le passé influence même nos manières de penser le présent comme s'il était lui aussi déterminé et dès lors déjà passé (chez Bergson, les différents temps correspondent à différentes manières d'être affecté : peut-on encore y changer quelque chose ou en sommes-nous réduits à n'être que des spectateurs passifs ?). En changeant la conception des figures géométriques, Bergson suggère que les mathématiciens modernes auraient pu ouvrir la voie à une nouvelle philosophie du temps, une philosophie où ce qui semble déjà décidé est à nouveau ouvert afin d'en raconter l'incertitude de sa genèse : les choses auraient pu tourner autrement, auraient pu suivre une autre tangente.

– Par ailleurs, ce qui constitue la réalité change tout autant, car ce qui est essentiel, ce ne sont plus les choses, leurs formes, leurs extériorités, mais les mouvements, les forces, les actions. Ce sont celles-ci qui président à la formation des lignes et des figures. Ces mouvements deviennent dès lors les « blocs fondamentaux » de l'existence, non pas des blocs de pierre ou de ciment ni même des briques atomiques, mais bien plutôt des « blocs de devenir » : « Ce qui est réel, c'est le devenir lui-même, le bloc de devenir, et non les termes supposés fixes dans lesquels passerait celui qui devient*. » Ce n'est plus la figure

*. Deleuze & Guattari, *Mille plateaux*, p. 291.

telle qu'elle est qui nous intéresse, mais cette figure en tant qu'elle est en train de devenir, en train de se former (le contraste qui départage et qui produit la différence entre les philosophies essentialistes et les philosophies processuelles se situe à cet endroit même).

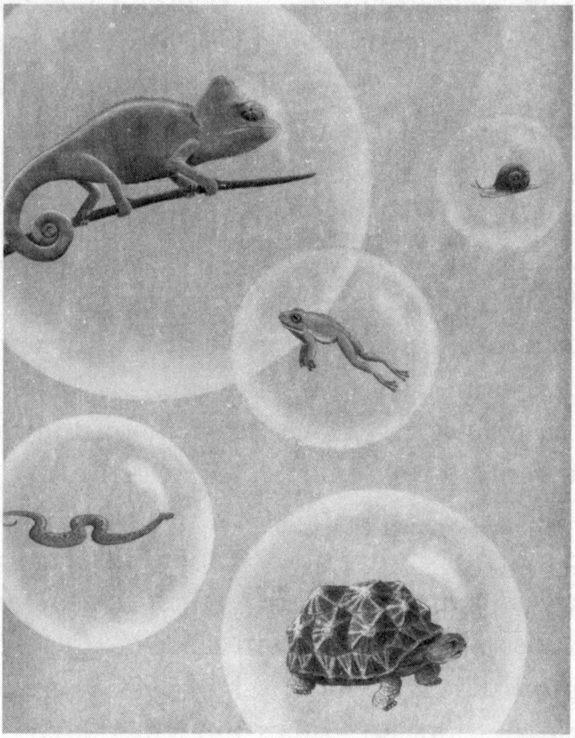

Illustration 34 : Animaux dans des bulles de savon.

En prêtant attention au travail relationnel qui se loge dans les images perspectivistes, nous changeons également de métaphysique. Duprat reprend à son compte la métaphore d'Uexküll : sur la page de garde de chaque section regroupant les familles d'animaux (les mammifères, les oiseaux, les reptiles, les insectes), il représente les animaux enfermés dans des bulles de savon. Ces bulles, qui sont séparées les unes des autres de manière hermétique mènent presque inéluctablement à la conclusion du livre de Duprat dont les derniers mots sont : « À chacun son monde. » Car dès lors qu'on sépare ainsi les bulles, dès lors qu'on ne regarde que les images finies en oubliant qu'il ne s'agit que d'archives de relations, il devient difficile de penser les relations entre espèces : les images sur chaque page, les perspectives de chaque espèce ne sont-elles pas radicalement différentes les unes des autres ?

Or, pour construire les images perspectivistes, pour établir les *Umwelten*, Uexküll et Duprat et tous les autres auteurs abordés jusqu'ici ont tous dû s'engager, directement ou indirectement (en se basant sur le travail d'autres scientifiques), dans un véritable travail expérimental et relationnel avec les animaux. « Au commencement, dirions-nous si nous pouvions inventer une nouvelle conclusion pour le livre de Duprat, il y avait les rencontres » – des rencontres problématiques, asymétriques, empreintes d'amour et de violence, des rencontres troubles sans aucun doute, mais non moins réelles.

Ou, pour reprendre une citation d'un primatologue mise en épigraphe par Haraway dans son livre *Primate Visions* : « Parce que toutes ces choses doivent commencer par un acte d'amour*. » Elle commente cette citation : « Bien sûr, l'amour n'est jamais innocent, souvent dérangeant, enclin aux trahisons, parfois agressif, jamais exempt

*. Eugène Marais, cité dans Haraway, *Primate Visions*, p. 1.

de relation de domination et souvent non réciproqué de la manière que les aimants voudraient*. »

La philosophie se développe en grossissant certains caractères et en en rapetissant d'autres, en transformant une note de bas de page en corps de texte**. Nous sommes parvenus à la conclusion – « au commencement, il y avait les rencontres » –, en grossissant les petits caractères sur la dernière page de *Zooptique* qui renvoyaient vers les sources utilisées par Duprat. C'est en racontant comment les images ont été construites, en s'intéressant au processus plutôt qu'au résultat qu'on modifie une forme de relativisme (« à chacun son monde ») en une philosophie différente, une philosophie des rencontres, des relations, des interstices.

Ce que nous avons fait, en d'autres termes, c'est alourdir les flaps, ces rabats qui permettent à Duprat de faire un peu durer le suspense avant que l'enfant découvre, tout d'un coup, le point de vue des animaux au moment de relever le rabat. Malgré l'intérêt éditorial des flaps, ceux-ci participent de l'idée d'une connaissance bivalente : soit on connaît la perspective d'une autre espèce (lorsque le flap est soulevé), soit on l'ignore (lorsqu'il est rabattu), sans que l'on sente les expériences et les relations, le travail et le soin, qui rendent la transition de l'ignorance à la

*. Haraway, *Haraway Reader*, p. 199.

**. Dans ses cours de philosophie, Paul Feyerabend donnait de l'importance à la typographie. On raconte par exemple que lors d'une séance, il avait écrit en très grandes lettres « Aristote » sur le tableau (des lettres de près d'un mètre de hauteur) et, en dessous, en lettres presque illisibles « Popper ». Voir Preston, « Paul Feyerabend ».

connaissance beaucoup plus progressive et beaucoup plus lente.

Cette critique du flap ne vise pas tant *Zooptique*, un très bel album, que la philosophie couramment induite par les images perspectivistes. Cette critique, qui permet surtout de faire sentir un contraste conceptuel, correspond en fait à la critique que fait Bruno Latour du double clic. Un simple clic (ou deux tout au plus) nous sépare des réponses que nous cherchons lorsque nous nous posons des questions : une rapide consultation sur Google suffit. Cela tend à nous faire croire que nous aurions « un accès gratuit, indiscutable et immédiat à de l'information pure et sans transformation », comme si, poursuit l'anthropologue des sciences, nous possédions « la recette pour obtenir directement, sans médiation aucune, un déplacement capable d'aller d'une identité à une identité à travers une identité* ».

Le double clic nous donne l'impression de pouvoir passer d'un coup, sans rencontrer ni obstacle ni résistance, d'un état d'ignorance à son contraire. Latour ne recommande évidemment pas l'abandon pur et simple du double clic ni même la faillite des moteurs de recherche. Ce qu'il cherche à dire, c'est que, pour penser nos connaissances, on aurait tort d'établir cette pratique en paradigme, car ce serait oblitérer le travail, les efforts, le temps qu'exige toute pratique épistémique : « L'erreur n'est donc pas de se confier à Double Clic – c'est toute notre vie –, l'erreur c'est de passer en douce de l'omission [on met de

*. Latour, *Enquête sur les modes d'existence*, p. 103.

côté un instant ce qui se cache derrière une connaissance] à l'oubli*. »

Lorsque nous critiquons les rabats, nous nous situons à un même niveau : il ne s'agit pas de prôner l'abandon des flaps (ils sont trop amusants pour cela). Il s'agit plus modestement de faire sentir le risque qu'il y a à penser les images perspectivistes à partir de cette seule pratique qu'est le soulèvement et le rabattement des flaps – le risque « de passer en douce de l'omission du travail qui s'y cache à l'oubli de ces efforts ».

Avec Bergson, Deleuze, Haraway et Latour, nous nous détachons du modèle de la correspondance et de l'idéal de la reproduction. En épaississant les flaps, nous évitons le piège du passé, le piège qui consiste à tout considérer comme déjà joué, comme déjà fait. Lorsque nous racontons les expériences qui permettent aux scientifiques ou aux artistes de construire leurs images perspectivistes, nous rendons ces images plus troubles dans la mesure où ces rencontres sont toujours empreintes de violence. Ces narrations situées rendent ces images plus intrigantes, plus compliquées, mais aussi plus belles – c'est du moins mon espoir, l'espoir de la philosophie de l'art.

*. *Ibid.*, p. 277.

6

Une nouvelle mode

Où l'on présente un autre volet des recherches de Caro qui nous autorise à penser le perspectivisme au-delà des images et en dehors de toute idée de reproduction.

La colonie des mouches

Loin de s'être contenté de mettre en doute les hypothèses du camouflage et de l'aposématisme (l'hypothèse, rappelons-le, qui consistait à considérer que les zébrures effraient les prédateurs), Caro a également passé en revue d'autres hypothèses qui tentent d'expliquer la présence des zébrures.

Certains ont avancé que ces dernières contribuent à la communication intraspécifique, par exemple pour se reconnaître les uns les autres ou pour se distinguer d'autres espèces d'équidés. Il serait cependant fort étrange que les zèbres ne soient pas en mesure de se reconnaître sans ces traces, alors même que les autres équidés en sont parfaitement capables, tant visuellement qu'olfactivement*.

Une autre hypothèse à avoir été émise est celle de la thermorégulation : les zébrures permettraient aux zèbres de réguler leur température corporelle sous le soleil de plomb des plaines africaines. Cependant, en mesurant à l'aide d'une caméra infrarouge la température des zèbres et celle d'autres grands mammifères, Caro ne releva aucune différence notable. La température à la surface du corps des zèbres a même tendance à être un peu plus élevée que chez les impalas, les buffles ou les girafes.

Une troisième hypothèse a également bénéficié d'une attention particulière dans la littérature scientifique : elle suggère que les rayures servent à repousser les mouches et autres parasites. Dans son livre et divers articles, Caro revient sur cette idée qu'il mettra à l'épreuve et qu'il finira par adopter. Cependant, pour étudier la vision des mouches, il n'utilisera jamais d'images, il ne tentera pas de reproduire sur papier leur perspective. Par contre, il mettra en œuvre d'autres dispositifs, d'autres pratiques perspectivistes.

Mais comment cette hypothèse a-t-elle émergé, comment est-elle apparue ? Robert Harris est considéré comme le premier à avoir défendu l'idée que les rayures des zèbres puissent servir de camouflage non pas contre les grands prédateurs, mais contre de petits parasites**. Il

*. Proops, *et al.*, « Cross-modal individual recognition in domestic horses ».

**. Caro, *Zebra Stripes*, p. 99 ; Ruxton, « The possible fitness benefits of striped coat coloration for zebra », p. 241.

n'avait pourtant aucun intérêt particulier pour les zèbres ou les mammifères sauvages. Sans être formellement entomologiste (il n'avait pas étudié à l'université), Harris se passionna pour les insectes et, en particulier, pour les mouches tsétsé*.

Dans sa jeunesse, il avait été agriculteur dans le Zululand, l'actuel Kwazulu-Natal, une province à l'est de l'Afrique du Sud. L'administration coloniale rencontrait des difficultés à recruter des inspecteurs dans cette province à la fois reculée et en prise à des épidémies de malaria. Pour cette raison, et grâce à quelques contacts personnels, en 1919, Harris put accéder au poste d'inspecteur des exploitations agricoles bien qu'il ne détint pas les qualifications requises.

Dans le cadre de ses fonctions, il devait rendre compte des maladies dont souffrait le bétail et recenser les mesures mises en œuvre pour endiguer les épidémies. Une des maladies qui sévissaient dans cette région était la *nagana* ou, dans la terminologie scientifique, la trypanosomiase. La nagana, qu'on appelle plus communément maladie du sommeil lorsqu'elle touche des humains, affecte les mammifères. L'animal infecté présente de la fièvre, éprouve une fatigue intense et perd du poids. En fonction des espèces, l'infection peut mener à la mort. Le vecteur de cette maladie est la mouche tsétsé.

Comme le relate l'historien des sciences Clapperton Mavhunga, les connaissances concernant la nagana et

*. Sur Harris, voir Brown, « From Ubombo to Mkhuzi: disease, colonial science, and the control of nagana », p. 307-310.

les mouches tsétsé doivent beaucoup à l'entreprise coloniale. Les colonisateurs européens subirent la nagana de plein front. Par exemple, au XVIe siècle, le Portugal envoya une mission comptant un millier d'hommes au Munhumutapa (un royaume qui recouvre des régions frontalières du Zimbabwe et du Mozambique actuels)*. Seuls cinquante en revinrent vivants ; les chevaux aussi furent décimés. En fait, les Européens ne colonisèrent que tardivement l'intérieur du continent africain du fait des nombreuses maladies qui y sévissaient, la nagana notamment**. Pour s'installer dans ces régions, les colonisateurs durent donc apprendre à se protéger de ces maladies. Il s'agissait aussi d'un enjeu important pour pouvoir y faire de l'élevage.

Ainsi, les enjeux propres à la colonisation ont très fortement favorisé la connaissance de la nagana et de son vecteur, la mouche tsétsé. Les historiens de la médecine, Paolo Palladino et Michael Worboys l'expliquent de manière plus générale : « En médecine, c'est afin de contrôler des maladies comme la malaria ou d'autres fièvres tropicales, qui représentaient des freins à la colonisation et au développement de certaines zones, que des projets de recherche et l'élaboration de nouveaux modèles étiologiques furent mis en place. Dans tous les cas, le contexte impérial fut crucial à l'instigation des recherches scientifiques, il fournit les ressources nécessaires pour résoudre les problèmes et détermina la forme

*. Mavhunga, *The Mobile Workshop*, p. 31.

**. Chakrabarti, *Medicine & Empire*.

des connaissances produites*. » En plus de constituer une motivation, la colonisation donnait aux Européens accès à des sources d'information locales sur les maladies qui se sont avérées cruciales dans l'élaboration des connaissances scientifiques.

C'est grâce à de telles informations que le lien entre la nagana et la mouche tsétsé a pu être établi. Comme les effets ne suivent pas directement la morsure et qu'ils n'apparaissent pas de manière systématique, ce rapprochement n'était pas évident à établir. Ce sont les informateurs africains qui transmirent ce savoir aux Européens. Par exemple, le chasseur E. C. Buxton écrit dans un article datant de 1871 que « la croyance des natifs à la dangerosité de la mouche est unanime** ».

C'est sur base de ce type d'indication qu'à la fin du XIXe siècle, David Bruce eut l'idée de chercher des germes pathogènes dans le sang des mouches tsétsé. Les connaissances africaines sont le plus souvent ignorées (et parfois méticuleusement niées) dans les comptes rendus des scientifiques européens. L'usage des termes latinisants – parler de trypanosomiase plutôt que de nagana ou de *Glossina* plutôt que de tsétsé (ou de *mhesvi*) – participe à oblitérer l'apport essentiel des connaissances africaines.

Les connaissances locales ne portaient pas seulement sur le vecteur de la maladie, mais aussi sur les manières de se protéger des mouches tsétsé. Certaines ethnies bantoues, par exemple, prenaient la précaution de se déplacer vers

*. Palladino & Worboys, « Science and imperialism », p. 97.

**. Cité dans Brown, « From Ubombo to Mkhuzi », p. 294.

des zones où la population tsétsé était réduite. Lors d'un conflit au XVIe siècle, le royaume de Songhaï, au Mali, poussa dans une zone infestée de tsétsé le pacha Mahmoud ben Zergoun du Maroc qui l'attaquait. L'armée songhaï, qui ne possédait pourtant que des arcs et des lances, finit par emporter la guerre, car « la fatigue, la soif, la famine, la pauvreté et les maladies causées par *mhesvi* [les mouches tsétsé] et *hutunga* [les moustiques] tuèrent les chevaux et décimèrent les envahisseurs* ».

L'historien des sciences Mavhunga parle dans de tels cas de « déploiement stratégique » (*strategic deployment*) qui manifeste une connaissance intime des mouches tsétsé. Cette connaissance permit aussi à des guides tswanas de conseiller à l'anglais Thomas Baines de « partir avant la tombée de l'obscurité afin de pouvoir entamer la route sur un chemin tracé, mais pas trop tôt pour ne pas rencontrer la mouche qui se retire la nuit** ».

C'est lors d'un échange de conseils avec le sage Mabuzana que l'entomologiste anglais Charles Swynnerton apprit que les Tsongas du Mozambique pensaient que les mouches étaient attirées par la couleur noire. Ils tenaient cette idée du fait qu'elles étaient particulièrement abondantes autour des buffles noirs. Swynnerton entama alors des « études d'attraction » (*attractant studies*) qui consistaient à compter le nombre de mouches qui avaient été attrapées par des pièges de couleurs, de tailles et de formes différentes.

*. Mavhunga, *The Mobile Workshop*, p. 31-32.
**. Baines, cité dans *ibid.*, p. 36.

Robert Harris fut un des premiers à suivre la piste de Mabuzana-Swynnerton. Dans un rapport préliminaire en 1923 (complété en 1930), Harris présentait les différents pièges qu'il avait conçus pour attraper les mouches et ainsi estimer leur nombre dans la région (aujourd'hui encore, certains pièges à mouches portent son nom). C'est dans ces publications du département d'agriculture du Natal qu'il émit, en passant et sans s'y attarder, l'idée que les zébrures pourraient servir à repousser les mouches*.

Il est important de raconter cette histoire coloniale des connaissances sur les mouches tsétsé, car d'une part elle permet de rééquilibrer quelque peu l'histoire classique des sciences et de la médecine, trop souvent eurocentrée ; d'autre part, parce qu'elle illustre un point essentiel de notre argumentation, à savoir que c'est en vivant à proximité et en relation avec des animaux qu'on peut espérer mieux les connaître. Il n'est pas étonnant que les Africains qui ont longtemps vécu avec les mouches tsétsé aient produit des connaissances fines à leur sujet.

Les recherches sur les pièges à mouche entamées par Swynnerton et Harris continuèrent tout au long du siècle dernier avec pour principal objectif d'améliorer la gestion des mouches tsétsé. Parmi ces études se démarque celle de 1981 de Jeffrey Waage, car elle mobilise des pièges à mouches pour tester une hypothèse concernant la

*. Je n'ai pas eu accès aux rapports de Harris, je me base sur ce qu'en disent des sources secondaires, en particulier Brown, « From Ubombo to Mkhuzi », p. 310 ; Waage, « How the zebra got its stripes », p. 356, Caro, *Zebra Stripes*, p. 99.

coévolution des espèces*. Il s'agit du premier travail mettant à l'épreuve l'hypothèse selon laquelle les rayures des zèbres serviraient de protection contre les mouches tsétsé. Le sous-titre de l'article de Waage, lui-même intitulé « Comment les zèbres ont attrapé leurs rayures », affirme clairement cette hypothèse : « Les morsures des mouches comme agent sélectif dans l'évolution de la coloration des zèbres. »

Cette étude s'insère, en fait, dans un programme de recherche plus large sur les interactions entre les insectes et les vertébrés**. Pour tester l'hypothèse avancée un demi-siècle plus tôt par Harris, Waage construisit un piège ambulant : il plaça sur un chariot un cylindre de 53 centimètres de long et de 37 centimètres de diamètre. À l'arrière, il installa un cadre composé de câbles électriques.

En dessous du dispositif, il plaça un panier enduit de colle pour recueillir les insectes pris dans le piège après avoir été électrocutés. Waage demanda à deux assistants de tirer l'engin le long d'un parcours prédéfini de quatre kilomètres dans la forêt du nord du Zimbabwe durant deux heures et ce, à neuf reprises à des dates différentes. Le cylindre était peint tour à tour en blanc, en noir ou avec des rayures. Lors d'un parcours, le dispositif piégeait en moyenne, en fonction de la couleur, respectivement 48, 43 et 26 tsétsé.

*. Waage, « How the zebra got its stripes ».

**. Waage, « The evolution of insect/vertebrate assocations ».

Illustration 35 : Chariot utilisé dans les expériences de Waage.

Cette différence significative suggère que les rayures attirent moins les mouches que le blanc ou le noir seul. Waage obtint un même résultat, quoique de façon un peu moins significative, dans une seconde version de l'expérience dans laquelle le piège était placé à un endroit fixe. Néanmoins, lorsqu'il ajouta des odeurs de mammifère à proximité du piège, celui-ci devint aussi attractif quelle que soit la couleur du cylindre. Selon le biologiste, ceci pourrait suggérer que les mouches ne parviennent pas à localiser facilement un corps zébré à distance, mais qu'une fois attirées par un autre indice (telle une odeur), elles trouvent aussi facilement un tel corps qu'un corps monochrome.

Des pièges hauts en couleur

Quelques années après la publication de l'article de Waage, Gabriella Gibson voulut reproduire son expérience, mais en ajoutant un piège gris afin de déterminer si c'étaient les rayures en tant que telles qui éloignaient les mouches ou si c'était simplement le mélange de blanc et de noir qui produisait cet effet*. Elle avait par ailleurs prévu des pièges avec des lignes horizontales et d'autres avec des lignes verticales alors que Waage avait toujours utilisé des rayures à 45 degrés d'inclinaison. Or, les résultats vont montrer que l'orientation des rayures modifie leurs effets sur les mouches.

Pour son expérience, qui se déroula dans la même forêt du Zimbabwe que celle où travaillait Waage, Gibson utilisa un cadre d'un mètre carré également doté d'un filet électrique. Elle ne mena l'expérience que dans sa version immobile à laquelle elle ajoutait systématiquement une odeur de mammifère. Contrairement à son prédécesseur, malgré cette odeur, la biologiste put établir des différences significatives entre les divers pièges.

En trois heures, le piège noir attrapait en moyenne 400 tsétsé, le blanc près de 600, alors que le gris en attrapait moins de 200. Dans le piège avec les lignes verticales, Gibson comptait en moyenne un peu plus de 100 tsétsé, un nombre significativement inférieur à celui obtenu dans les autres conditions. Néanmoins, les lignes horizontales atténuent davantage encore l'attraction :

*. Gibson, « Do tsetse flies “see” zebras ? ».

Gibson ne récoltait presque aucune mouche sur les pièges avec des telles lignes. Or les zèbres ont des rayures horizontales sur leurs jambes et sur leur arrière, les endroits où les mouches piquent le plus souvent. Selon Gibson, cette expérience renforçait donc l'hypothèse d'Harris-Waage.

L'étude d'Ádám Egri et ses collaborateurs abonde également en ce sens*. Dans une ferme équestre en Hongrie, cette équipe scientifique peignit quatre modèles de chevaux en plastique : l'un en noir, un autre en brun, le troisième en blanc et le dernier avec des raies. Ils recouvrirent ces modèles de colle à insectes transparente et inodore et les placèrent à l'extérieur pendant 54 jours. Tous les deux jours, ils enlevaient et comptaient le nombre d'insectes attachés sur les modèles. Ils changeaient ensuite la position des modèles de manière aléatoire afin que chacun passe plus ou moins autant de temps au soleil et à l'ombre. Les résultats furent assez éloquents : 562 insectes furent attrapés sur le modèle noir, 334 sur le modèle brun, 22 sur le modèle blanc et seulement 8 sur le modèle zébré.

La dernière étude que retient Caro n'a pas été réalisée sur le terrain ni même à l'extérieur, mais en laboratoire. Dans leur article de 1988, John Brady et William Shereni ne discutent pas directement de la fonction des zébrures**.

*. Egri, *et al.*, « Polarotactic tabanids find striped patterns with brightness and/or polarization modulation least attractive: an advantage of zebra stripes ».

**. Brady & Shereni, « Landing responses of the tsetse fly ».

À l'instar d'Harris, ils comparent l'efficacité des pièges en espérant contribuer au développement de techniques de protection contre les tsétsé. Dans les locaux de l'Imperial College of Science and Technology, à Londres, les scientifiques pouvaient contrôler que le nombre de tsétsé reste constant au fil des jours, afin d'éliminer une source de variabilité dans les statistiques. Tous les tests se déroulaient dans un bassin de forme hexagonale dont les côtés mesuraient 30 centimètres.

Dans cet espace réduit, il est possible d'observer le mouvement des insectes et de compter combien de fois ils se posent d'un côté ou de l'autre du bassin. Durant les périodes d'observation, Brady et Shereni recouvraient deux bords d'une surface colorée, parfois noire, parfois blanche et parfois rayée. Les rayures n'avaient pas toujours la même orientation ni la même épaisseur. Durant les séances d'observation de cinq minutes chacune, les scientifiques comptaient le nombre de tsétsé qui se posaient sur l'une ou l'autre des surfaces. Lorsqu'elles pouvaient choisir entre une surface noire ou blanche, les tsétsé se rendaient huit fois plus souvent sur la couleur foncée. De même, elles préféraient les lignes verticales aux lignes horizontales : elles se posaient deux fois plus souvent sur la première alternative que sur la seconde. Les biologistes ont aussi pu constater que les rayures fines repoussaient davantage les mouches que les rayures épaisses.

Illustration 36 : Caro déguisé en zèbre.

À Katavi, Caro répéta le test d'Harris avec des pièges fixes de couleurs différentes. Parallèlement, il créa une version mobile du test ; il se déguisa même en zèbre. Malheureusement, dans toutes les conditions, il n'attrapa que très peu d'insectes, trop peu pour en tirer des conclusions. Il n'en demeure pas moins que les quatre études citées prises ensemble offrent un fondement empirique suffisamment solide pour étayer l'hypothèse d'Harris.

Malgré tout, chacune souffre aussi de certains défauts : dans l'étude de Brady et Shereni, les mouches étaient rassasiées avant les périodes d'observation, leur comportement correspondait davantage à celui de repos que de recherche de nourriture ; l'étude d'Egri a eu lieu en

Hongrie, les insectes qui y vivent ne sont pas les mêmes qu'en Afrique subsaharienne où vivent les zèbres ; enfin, toutes ces études ont utilisé des modèles. Or, les modèles ont des formes, des odeurs, des tailles, des comportements différents des vrais équidés.

C'est la raison pour laquelle Caro tenta de mettre à l'épreuve l'hypothèse d'Harris avec « des expériences plus pertinentes écologiquement* ». À Katavi, il voulait compter le nombre d'insectes qui volent autour des zèbres et d'autres mammifères, mais même avec des jumelles, il ne lui était pas possible de les voir. Il se proposa donc d'évaluer le nombre d'insectes en comptant le nombre de fois que les mammifères secouent leur queue.

Ce comportement, qui sert à se protéger des insectes, indique leur présence. En une minute d'observation, les zèbres remuent en moyenne 41 fois leur queue, ce qui est davantage que les autres grands mammifères tanzaniens : 38 fois pour les impalas, 26 fois les girafes, 22 fois les topis… Cette observation indique que les zébrures ne protègent certainement pas complètement contre les insectes. Néanmoins, il se pourrait par exemple que l'odeur des zèbres attire davantage les insectes que ce que leurs zébrures parviennent à tenir à distance. Par ailleurs, les rayures pourraient être efficaces contre certaines espèces d'insectes seulement.

Pour compléter sa recherche, Caro mena une autre série d'observations au parc zoologique de Berlin où l'on peut observer des représentants des sept espèces vivantes

*. Caro, *Zebra Stripes*, p. 103.

d'équidés. Son but était également d'y comparer le nombre de mouvements de queue. C'est l'âne sauvage d'Afrique qui se montra le plus importuné par les insectes : en une minute, les animaux de cette espèce remuaient 21 fois la queue. Pour leur part, les zèbres de Grévy et les zèbres des plaines la remuaient respectivement 12 et 10 fois dans ce même laps de temps, à savoir moins que les ânes d'Afrique, mais plus que les ânes sauvages d'Asie, les ânes sauvages du Tibet (les kiangs) et les chevaux de Przewalski. Ces derniers remuent la queue respectivement 7, 6 et 4 fois par minute. Enfin, les zèbres des montagnes la bougent 5 fois par minute. Tout comme les observations à Katavi, les observations réalisées à Berlin restaient difficiles à interpréter.

Les études expérimentales ont été déterminantes dans l'élaboration de l'hypothèse d'Harris-Waage. Nous avons néanmoins pointé les limites des expériences qui se fondent sur des modèles en bois. Nous venons en outre de voir la difficulté de tirer des conclusions à partir d'observations de terrain, car un grand nombre de facteurs entrent en considération.

C'est une analyse géographique qui finira par convaincre Caro que les zébrures servent à repousser les mouches tsétsé*. Pour ce faire, il dressa une carte des lieux où vivent les vingt-trois sous-espèces d'équidés. Certaines des espèces sont rayées, d'autres pas. Parmi celles qui ont des corps rayés, le nombre de rayures et leur disposition varient. Sur cette base, Caro a pu confronter la

*. Caro, *et al.*, « The function of zebra stripes ».

distribution géographique des équidés à d'autres données : (a) la présence de lions et d'hyènes, (b) de mouches tsétsé et (c) d'autres insectes de la famille des mouches ainsi que (d) la densité des arbres et (e) la température maximale.

Il ressort de cette analyse que les lieux où vivent les zèbres sont aussi ceux où les tsétsé et les autres mouches sont les plus nombreuses. À l'inverse, il n'y a pas de corrélation entre la localisation des zèbres et la présence d'hyènes ; il y en a une entre les lieux de vie des zèbres et ceux de lions, mais elle est faible. Dans la mesure où les tsétsé vivent dans des régions chaudes, on pourrait s'attendre à ce qu'il y ait une corrélation entre leur présence et la variable relative à la température maximale de chaque région.

Néanmoins, certains lieux ont des températures maximales élevées tout en ayant une faible présence de tsétsé (notamment parce que le taux d'humidité peut également influencer leur propagation). Ces zones sont associées à des espèces d'équidés non zébrés, ce qui infirme l'hypothèse selon laquelle les rayures pourraient servir de régulateur thermique. La présence des tsétsé est également corrélée à la quantité d'arbres dans la mesure où ces insectes pondent leurs œufs sur leurs branches. Pourtant, dans ce cas-ci également, les régions arborées, mais où vivent peu de tsétsé sont associées à des équidés non rayés.

La seule corrélation significative est donc celle entre la présence des zèbres et des tsétsé (et plus généralement des mouches). Les données sur base desquelles Caro construit son analyse géographique ne sont pas exemptes de problèmes, notamment celui de la difficulté à déterminer précisément la quantité d'insectes dans chaque région du monde et celui de la corrélation entre différentes variables étudiées (notamment entre la présence de mouches tsétsé et des températures élevées).

Le biologiste conclut pourtant : « Cela dit, il est rassurant que la série d'expériences mises en œuvre depuis les premières observations de Robert Harris en 1930 suggérant que les mouches hématophages évitent les surfaces rayées se trouve validée de manière écologique par notre découverte que les zébrures sur les équidés sont parfaitement corrélées à la présence croissante des mouches*. »

Rappelons ici brièvement le cheminement de la pensée de Caro : en 2005 il reprenait à son compte l'hypothèse d'Alfred Wallace selon laquelle les zébrures protègent les zèbres des lions et des hyènes. Grâce aux images perspectivistes réalisées avec Melin, il mit en doute cette hypothèse. Il testa ensuite plusieurs explications alternatives qu'il écarta l'une après l'autre. Seule l'hypothèse de Robert Harris se trouva renforcée à la fois par des tests comportementaux et par une analyse géographique. Il en conclut que les zébrures servent à repousser ces insectes parasitiques.

Cette conclusion fut en outre corroborée en 2019 par une étude assez originale avec des vaches au Japon**. Tomoki Kojima et ses collègues notent que les mouches attaquent souvent le bétail : aux États-Unis, les maladies

*. Caro, *Zebra Stripes*, p. 186.

**. Kojima, *et al.*, « Cows painted with zebra-like painting can avoid biting fly attacks ».

qu'elles véhiculent occasionnent des pertes de l'ordre de deux milliards de dollars par an pour l'industrie alimentaire. Or, jusqu'à aujourd'hui, les principales mesures prophylactiques utilisées sont des pesticides néfastes pour l'environnement.

S'inspirant des travaux de Caro, Kojima et ses collègues se sont demandé si on ne pouvait pas peindre des rayures sur les vaches pour les protéger des mouches. Pour tester cette suggestion, ils peignirent six vaches et comparèrent le nombre de mouches qui s'en approchaient à l'aide de séquences filmées de 30 minutes chacune. Ils dénombrèrent un peu plus de 120 mouches sur les vaches non peintes et un peu moins de 60 sur les vaches zébrées. Soit moitié moins, ce qui constitue une diminution significative.

Illustration 37 : Vache peinte en zèbre.

Les chercheurs obtinrent des résultats similaires en comptant (comme Caro dans certaines de ses expériences) le nombre de mouvements de queue des vaches : les vaches zébrées la remuent moins, ce qui suggère qu'elles sont effectivement moins perturbées par les insectes. Les chercheurs suggèrent donc qu'en zébrant le bétail, on pourrait pallier en partie au moins le problème des mouches. Cette étude à visée pratique corrobore les résultats obtenus par Caro concernant les zèbres. Par ailleurs, grâce à elle, les zèbres seront peut-être prochainement à l'origine d'une nouvelle mode animale.

La plus fidèle des copies

Caro s'est donné les moyens pour prendre en compte le point de vue des mouches. Il n'a pourtant jamais cherché à mettre leur perspective sur papier ; il n'a pas produit d'images perspectivistes les concernant. Par contre, il s'est basé sur un travail interactif rendu possible grâce, notamment, à des pièges. Or, la question des pièges a intéressé un certain nombre de spécialistes de l'art. Parmi ceux-ci, Alfred Gell proposa de penser les pièges en rapport à la théorie des *Umwelten* d'Uexküll.

Une des questions majeures de Gell consistait à comprendre ce qui distingue une œuvre d'art d'une production non artistique. Dans son article « Vogel's net », l'anthropologue cherche à construire une voie médiane entre George Dickie, qui réduit l'art aux institutions qui le supportent, et Arthur Danto, qui le conçoit de manière interprétative. Ce dernier estime qu'un artefact (une lance, par exemple) ne peut pas être un objet d'art s'il n'est pas conçu (interprété) comme tel par les acteurs eux-mêmes. Ainsi, le filet que les Zandés utilisaient à la chasse et que Susan Vogel exposa en 1988 au Centre pour l'art africain à New York n'est pas de l'art, selon lui, mais un simple artefact, un outil.

À l'inverse, Dickie affirmait que le simple fait que le filet soit exposé dans un musée le transforme en objet d'art. Gell ne trouve pas cette réponse complètement satisfaisante, car elle n'explique pas pourquoi un objet donné se retrouve un beau jour dans une institution artistique : il faut encore se demander ce qui a présidé au choix de l'y placer. L'anthropologue estime que le filet zandé est exposé à New York parce qu'il renferme de nombreuses intentionnalités : une histoire s'y joue. On s'imagine un chasseur et une victime.

Le piège induit l'observateur à réfléchir, à aller au-delà de l'objet lui-même pour reconstruire un monde complexe. L'anthropologue affirme des filets et d'autres pièges que « ce sont des objets qui sont examinés en tant que véhicules d'idées compliquées, cherchant à atteindre ou à signifier quelque chose d'intéressant, de difficile, d'allusif*… » Il entend ainsi comme une œuvre d'art « tout objet ou performance qui permettent de mener fructueusement un tel examen** ».

*. Gell, « Vogel's net », p. 36. Ce travail de Gell mériterait d'être mis en tension avec d'autres analyses anthropologiques des pièges. Pour une synthèse, voir Corsin Jiménez & Nahum-Claudel, « The anthropology of traps ».

**. *Ibid.*

Cette conception de l'art conduit Gell à analyser les pièges zandés exposés dans le musée new-yorkais : « C'est pour cela qu'il me semble que même sans contextualisation ethnographique, même sans l'exégèse d'un homme sage, de telles pièges d'animaux peuvent être présentés en tant qu'œuvres d'art à un public amateur d'art. Ces instruments incarnent des idées et transmettent des significations parce qu'un piège est par nature une représentation transformée du chasseur qui l'a confectionné mais aussi de sa proie ainsi que de leur relation mutuelle ; celle-ci, chez les peuples de chasseurs, est complexe et éminemment sociale*. »

On pourrait croire qu'un piège est un objet stable, mais en fait il est toujours déjà actif, car on peut y lire l'histoire de l'animal qui s'en approche et s'y laisse prendre. Gell ne se réfère pas explicitement à Uexküll, mais il reprend son concept qu'il cite d'ailleurs en allemand : « Les pièges sont des parodies létales de l'*Umwelt* des animaux**. »

Uexküll, pour sa part, avait également étudié un piège, mais un piège particulier, car il s'agissait d'une construction non humaine : la toile d'araignée. Les mailles de la toile sont parfaitement adaptées pour attraper les mouches ; elles sont placées dans des endroits par où les mouches sont obligées de passer ; leurs fils sont suffisamment fins pour ne pas être perçus d'elles. L'araignée prend en compte la mouche et son *Umwelt* lorsqu'elle construit

*. *Ibid.*, p. 27.

**. *Ibid.* C'est Maan Barua qui m'a signalé ce passage chez Uexküll. Lui-même le commente dans un autre sens dans *Lively Cities*, p. 208.

sa toile, à tel point « que l'on peut dire de la toile d'araignée qu'elle est une copie fidèle de la mouche* ». Quelques lignes plus bas, l'éthologue répète : « L'araignée peint sur sa toile un tableau très subtil de la mouche**. »

Lorsqu'ils commentent Uexküll, les philosophes ne discutent que rarement les images qui accompagnent son œuvre et lorsqu'ils les mentionnent, c'est tout au plus en passant***. Malgré son intérêt pour les techniques graphiques, Gilles Deleuze n'échappe pas à la règle : il ne prête aucune attention aux images de l'imagier d'Uexküll. En revanche, il considère l'article où paraît « L'interprétation de la toile d'araignée » (le titre d'une des sous-sections) comme le « chef-d'œuvre » d'Uexküll****.

*. Uexküll, « La théorie de la signification », p. 115.

**. *Ibid.*, p. 116.

***. Dans son ouvrage *Onto-Ethologies*, Brett Buchanan passe en revue un certain nombre de reprises philosophiques d'Uexküll. Contacté par courriel, il m'a confirmé qu'à sa connaissance, aucun philosophe n'a véritablement discuté des images d'Uexküll (je le remercie pour sa réponse). On trouve une phrase chez Giorgio Agamben à propos des images d'Uexküll, mais à peine l'a-t-il énoncée qu'il poursuit le commentaire du texte de l'éthologue. Voir *L'Ouvert*, p. 73. Les commentaires les plus intéressants à leur propos sont ceux des artistes et des historiens des médias : Cortés Zulueta, « How does a snail see the world? », Jevbratt, « With the eyes of another ».

****. Cet article, traduit sous le titre « La théorie de la signification », paraît en français dans le même volume que *Streifzüge*, ce qui explique qu'on amalgame parfois ces deux textes qui ont pourtant été écrits à une dizaine d'années d'écart. Pour la caractérisation de cet article comme le « chef-d'œuvre » de l'éthologie, voir Deleuze & Guattari, *Qu'est-ce que la philosophie ?*, p. 176.

Si Deleuze ne commentait pas les images perspectivistes d'Uexküll, c'est probablement parce qu'il sentait le risque qu'elles représentaient : parce que ces images sont décrites comme « reproduisant » l'*Umwelt* des animaux, elles pourraient être une instance de l'idéal de reproduction que le philosophe tente justement de déjouer et d'abandonner*. À l'inverse, entre la toile d'araignée et la mouche, il n'y a de prime abord aucune ressemblance, d'où le brin de folie d'Uexküll lorsqu'il affirme de la première qu'elle est « la copie la plus fidèle » de la seconde.

Cette folie est symétrique à celle du personnage principal dans la nouvelle « Pierre Ménard, auteur du *Quichotte* » de Jorge Luis Borges à laquelle Deleuze fait également référence à un autre endroit**. Le projet de Pierre Ménard, « son admirable ambition », était « de reproduire quelques pages qui coïncideraient – mot à mot et ligne à ligne – avec celles de Miguel de Cervantes*** ». Mais cet auteur ne voulait surtout pas recopier les chapitres de Cervantes ; il voulait les reproduire en lisant les autres œuvres du romancier, en lisant également les œuvres que celui-ci avait lues et en apprenant l'espagnol du XVIIe siècle. Ménard n'acheva jamais

*. Selon Pierre Montebello, le perspectivisme chez Deleuze esquive le problème de la perception, car il se constitue comme solution au problème de la relation entre le fini et l'infini. Dans une conversation, Didier Debaise m'a suggéré que ce pourrait être là une autre raison de son désintérêt pour les images d'Uexküll. Voir Montebello, « Le perspectivisme immanentiste ».

**. Deleuze, *Différence et Répétition*, p. 5.

***. Borges, *Fictions*, p. 407.

son projet, mais il réussit tout de même à reproduire de la sorte quelques lignes.

Borges compare celles-ci à l'original: « Le texte de Cervantes et celui de Ménard sont verbalement identiques, mais le second est presque infiniment plus riche*. » Plus riche, car ces lignes reproduites s'insèrent dans des réseaux littéraires tout à fait nouveaux; une ligne purement rhétorique chez Cervantes prend une consonance singulièrement pragmatique, notamment en résonnant avec des idées de William James, lorsqu'elle est écrite par un auteur du début du XXe siècle.

Et Deleuze de remarquer: « Alors la répétition la plus exacte, la plus stricte a pour corrélat le maximum de différence**. » Dans le cas des toiles d'araignées d'Uexküll, c'est la même chose, mais en sens inverse: la différence la plus grande, la plus stricte différence – qu'y a-t-il de semblable entre une mouche et une toile ? – a pour corrélat le maximum de répétition.

Deleuze trouve ainsi dans l'idée d'Uexküll une critique de l'idéal de la reproduction. Le philosophe, à l'instar de l'éthologue, considère la toile comme une copie de la mouche dans la mesure où la première incorpore la seconde: « La mouche sert de contrepoint et de motif à la construction de la toile***. » De même, à partir des travaux de Caro, on pourrait dire que « la mouche sert de contrepoint et de motif à la construction des rayures des

*. *Ibid.*, p. 473.

**. Deleuze, *Différence et Répétition*, p. 5.

***. Uexküll, « La théorie de la signification », p. 155.

zèbres ». Alors que dans le modèle de la reproduction, la mouche ne peut être copiée fidèlement que d'une seule manière, lorsqu'on considère la fidélité comme contrepoint, celle-ci n'est plus une et unique, mais elle s'ouvre à la multiplicité.

Il reste pourtant une idée d'Uexküll qui nous semble difficile à soutenir. Le biologiste savait pertinemment que même une araignée qui n'a jamais rencontré de mouche construit sa toile : « [La] toile, par conséquent, ne peut pas être la copie d'une mouche physique, mais représente son archétype qui n'est pas donné physiquement*. »

Uexküll était réticent, nous l'avons déjà signalé, par rapport à la théorie de l'évolution de Darwin. Selon l'éthologue allemand, il fallait surtout se concentrer sur la synchronie : étudier les animaux tels qu'ils vivent au présent plutôt que de s'intéresser à leur genèse. Pourtant, lorsqu'on se demande comment l'araignée parvient à « copier fidèlement » la mouche dans sa toile sans jamais en avoir vu une, il est indispensable de se référer à la longue histoire de leur coévolution, car c'est précisément le lieu où se sont tissées les relations entre de véritables araignées et de tout aussi véritables mouches.

En ce sens, on pourrait admettre l'idée d'Uexküll que la toile ne représente pas une mouche physique, mais un archétype. Néanmoins, il n'est pas nécessaire de concevoir cet archétype comme éternel (et donc sans histoire). Au contraire, il est la synthèse de millions de mouches qui ont été prises dans les rets des araignées. En ce sens, cet

*. *Ibid.*, p. 116.

archétype n'est pas tombé du ciel ; il s'est construit et s'est transformé au cours d'innombrables rencontres situées.

De même, les rayures des zèbres ne copient pas fidèlement une mouche en particulier, mais un archétype de mouche résultant de la coévolution des deux espèces. Les zébrures constituent, comme la toile d'araignée, une copie fidèle de la mouche. Ces deux copies ne se ressemblent pourtant pas le moins du monde. La répétition, à l'inverse de la reproduction, n'est pas transitive.

Les passages d'Uexküll sur la toile d'araignée permettent, en retour, de penser les images de son *Streifzüge* sous un autre jour. On pourrait avancer, de fait, que les images perspectivistes incorporent les chiens, les mouches, les mollusques, non pas parce qu'elles reproduiraient à l'identique leur point de vue, mais parce que, dans leur processus de construction, des humains ont rencontré ces animaux et ont interagi avec eux.

Ces animaux servent de « motifs » et de « contrepoints » aux images construites par ces scientifiques. Ces images ne sont pas de « fidèles copies » des animaux en tant qu'elles reproduisent à l'identique leur point de vue, mais en tant qu'elles sont le résultat de cohabitation (pour ne pas dire coévolution, un terme habituellement réservé à des rencontres plus longues) des scientifiques et de ces animaux.

Les zébrures et leurs agents

Lorsqu'il rédigeait son article sur les pièges comme œuvres d'art, Alfred Gell travaillait déjà à son maître-ouvrage, *L'Art et ses agents*. Dans ce livre, l'anthropologue a voulu étendre l'analyse artistique au-delà de l'analyse des symboles : « Je considère l'art, dit-il, comme un système d'action qui vise à changer le monde plutôt qu'à transcrire en symboles ce qu'on peut en dire*. »

Une empreinte laissée par un animal constitue déjà un système d'action. Cette marque a été produite, disons, par un loup. Par ailleurs, cette trace « représente » le loup ; le loup, dans le vocabulaire de Gell, est le « prototype » de cette trace dans la mesure où celle-ci « indique », « montre », « désigne » le loup.

L'anthropologue utilise le terme de prototype plutôt que celui d'« objet représenté », car la représentation laisse trop facilement croire qu'il y a une relation de ressemblance entre le représenté et le représentant, ce qui n'est pas toujours le cas. Dans le système d'action en question, le prototype (le loup) a créé ce que le sémioticien Charles S. Peirce appelle un index ou un indice. L'indice est ce qui désigne le prototype : ici, la trace de patte.

Gell met au point tout un système de notation pour synthétiser les systèmes d'action. En utilisant sa notation, le système d'action encapsulé dans l'empreinte de loup serait : Prototype-A (le loup) → Indice-P (l'empreinte). Ceci peut se lire comme : le loup, qui est le prototype dans ce système d'action, est actif (A) dans la mesure où il produit l'empreinte qui est dans ce système d'action l'indice, en position passive (P).

Il existe d'autres systèmes d'action où la relation entre le prototype et l'indice est identique. Gell offre comme

*. Gell, *L'Art et ses agents*, p. 8.

exemple la photographie : « Il fut un temps où l'on considérait la photographie comme un mode de production picturale non artistique et certains le pensent toujours ainsi. L'image qui se forme d'elle-même à partir de la lumière qui émane du prototype peut servir à penser un cas "pur" de la relation Prototype-A → Indice-P*. »

De fait, le prototype (l'objet représenté sur la photo) « produit » l'indice (la trace sur le papier photosensible). Ce n'est cependant pas toujours le prototype qui est actif. Dans certains cas, c'est l'indice qui permet au prototype d'exister. Gell mentionne par exemple les figurines de dieux ou de déesses : ces figurines donnent corps et vie à ces divinités. L'indice (la figurine) agit sur le prototype (la divinité), ce qu'on peut retranscrire dans son système notationnel : Indice-A → Prototype-P.

L'anthropologue introduit d'ailleurs sa théorie du système d'action par l'exemple d'une poupée. Lorsqu'un enfant joue avec cette poupée, il lui attribue des formes d'intention : la poupée veut manger, elle est triste, elle est fatiguée… C'est pour répondre à ses besoins que l'enfant la berce, la change et la nourrit. L'enfant apprend à détecter des manières d'attribuer des intentions à sa poupée. Comme dans le cas de figurines de divinité, le prototype (le bébé à soigner) n'existe que grâce à l'indice (la poupée).

À côté de l'indice et du prototype, Gell intègre deux autres pôles d'activité dans sa théorie de l'action, à savoir l'artiste et le destinataire. Lorsqu'il dépeint un paysage, le peintre peut soit tenter de le représenter comme

*. *Ibid.*, p. 44.

il est (l'artiste n'a alors qu'un rôle mécanique, à l'instar d'un appareil photographique), soit le représenter tout en exprimant ses émotions et son ressenti (il joue alors un rôle actif dans la relation artiste-indice). Dans le premier cas, on a un système imbriqué [Prototype-A → Artiste-P]-A → Indice-P (le prototype agit sur l'artiste et ensemble ils produisent l'indice) ; dans le second cas, on a [Artiste-A → Prototype-P]-A → Indice-P (l'artiste modifie le prototype en vue de produire l'indice)*.

Avec ces exemples, on voit déjà que les systèmes d'action encapsulés dans une œuvre se compliquent rapidement. Le public, le destinataire, le quatrième pôle d'activité décrit par Gell, n'agit en général pas sur l'œuvre d'art. Néanmoins, quand c'est un mécène qui demande à un artiste de peindre un objet en particulier, le mécène (le destinataire de l'œuvre) participe à sa production. Soit : Destinataire-A → Prototype-P.

Si cette relation est assez rare, la relation inverse est plus courante. En effet, l'indice agit souvent sur le destinataire. C'est le cas par exemple des boucliers asmats de Nouvelle-Guinée que Gell place en frontispice de son livre : « Le bouclier du guerrier [...] est un indice qui, en situation, possède une agentivité capable de faire perdre courage à l'ennemi (le destinataire/patient)**. » Les dessins et les couleurs du bouclier impressionnent l'observateur. Dans ce

*. Gell utilise aussi les crochets pour indiquer des sous-relations dans un système d'action. Nous ajoutons derrière les crochets A ou P afin d'indiquer qu'ensemble le sous-système est actif ou passif par rapport à un autre pôle d'agentivité.

**. *Ibid.*, p. 39

cas, le système d'action peut être résumé ainsi : Indice-A (le bouclier) → Destinataire-P (l'ennemi).

Gell passe en revue les relations parfois fort complexes d'activité de l'indice, du prototype, de l'artiste et du public. Ce que nous retiendrons en particulier c'est le geste de l'anthropologue : il fait glisser la théorie de l'art vers une ontologie de l'action. Au lieu de se demander ce que signifie telle œuvre d'art, il demande qui agit, qui l'a fabriquée, qui lui a donné forme, qu'est-ce que produit cette œuvre… En passant d'une analyse sémiotique à une analyse actancielle, il élargit en même temps ce qui peut être considéré comme une œuvre : une empreinte laissée par un animal entre ainsi dans le champ de l'analyse de l'art*.

De même, à partir de la théorie de Gell, on pourrait tenter une analyse des zébrures des zèbres. À l'instar du loup qui est le prototype de l'empreinte qu'il laisse dans la terre, les mouches constituent (si l'hypothèse de Caro est vérifiée) le prototype des zébrures : les zébrures attestent de l'existence des mouches, elles les désignent, elles les indiquent. Comme dans le cas du loup également, les mouches sont actives : c'est au cours de leurs interactions avec les zèbres que ces lignes singulières ont émergé et se sont maintenues.

Nous avons ainsi un système de cet ordre : Prototype-A (mouches) → Indice-P (zébrures). Néanmoins, à l'inverse

*. On a souvent reproché à Gell qu'il laisse ouvert le problème inverse : existe-t-il encore un extérieur à l'art ? Mais, tout compte fait, un monde où tout peut devenir art ne peut-il pas être un monde désirable ?

du cas de l'empreinte du loup, les mouches constituent en outre le public cible des zébrures. Tout comme le bouclier asmat vise à effrayer l'ennemi, les zébrures repoussent les mouches. Le schéma actanciel se complique donc: Destinataire-A (mouche) = Prototype-A (mouche) → Indice-P/A (zébrures) → Destinataire-P (mouche). Du fait que le destinataire est aussi le prototype actif, le destinataire est à la fois en position active et en position passive. Gell envisageait de tels systèmes de relation où un même acteur est à la fois actif et passif: le mécène qui commande un tableau peut éprouver une grande admiration lorsqu'il le voit, ce qui donne le système Destinataire-A→ Indice-P/A → Destinataire-P. Les schémas de Gell permettent ainsi de penser une dislocation de l'action.

De la même façon qu'on a interrogé les zébrures grâce à la théorie de l'action de Gell, on pourrait se demander qui agit dans une image perspectiviste. Par exemple, dans les images de Melin et Caro, le zèbre semble être le prototype, car c'est lui qui y est représenté. Pourtant, les lions et les hyènes sont tout autant des prototypes, car ces images attestent également de leur présence. Dans son livre, Gell n'envisage jamais une œuvre ayant deux prototypes, mais son système de formulation peut facilement accueillir un tel cas: {Prototype-1-A + [Prototype-2-A → Artiste-P]-A} → Indice-P/A → Destinataire-P.

On peut décomposer ce schéma. Comme sur une photo classique, le prototype-1 (le zèbre) agit sur l'indice (la photographie) en y imprimant sa marque: Prototype-1-A → Indice-P. Néanmoins, cette photographie a été modifiée par l'artiste (l'équipe d'éthologues), mais celui-ci a pu modifier les filtres grâce à des rencontres avec le prototype-2 (les lions et les hyènes) : Prototype-2-A → Artiste-P/A → Indice-P. En fin de compte, l'indice (la photographie) vise à agir sur le destinataire (la communauté scientifique) dans la mesure où cette image s'inscrit dans un argument concernant la fonction des zébrures : Indice-A → Destinataire-P. C'est en mettant ensemble toutes ces relations emmêlées qu'on obtient le système d'action complexe qu'est la planche perspectiviste de Melin et Caro.

La théorie de l'action de Gell pourrait être critiquée. On pourrait notamment se demander pourquoi il se limite à quatre pôles d'activité (indice, prototype, artiste et destinataire). Les œuvres d'art peuvent agir ou pâtir d'acteurs tiers : les producteurs de matériaux, par exemple, qui gagnent leur vie en vendant les matières premières.

D'ailleurs, l'équipe hongroise qui a testé l'effet des zébrures sur les mouches a écrit un autre article qui remarque que, dans beaucoup de régions où il y a des mouches porteuses de maladies, les humains se peignent le corps également avec des rayures. Ils ont fait des tests avec des modèles humains qui montrent que de telles rayures confèrent en effet une protection aussi dans ce cas-ci. Les auteurs ont même déniché quelques indices ethnographiques (des histoires orales notamment) qui suggèrent que « les ethnies africaines et aborigènes sont au courant de la caractéristique antiparasitique de leur peinture corporelle* ».

Pourtant, dans ce cas, les chercheurs ne défendent pas l'idée que les rayures aient été créées dans une optique

*. Horváth, *et al.*, « Striped bodypainting protects against horseflies », p. 11.

utilitaire ni même que leur fonction véritable serait de se protéger contre les insectes : « La peinture corporelle est généralement un élément temporaire dans les activités sociales. Si la peinture corporelle visait seulement à repousser les mouches, les gens porteraient les peintures continuellement. » Les scientifiques notent simplement que « repousser les mouches n'est qu'un effet secondaire avantageux de la peinture corporelle ».

De la même façon que le bouclier asmat repousse l'ennemi, les peintures corporelles repoussent les mouches. La différence étant que celles-ci ne sont pas considérées comme les destinataires de ces rayures. À l'inverse également du cas des zébrures, les mouches n'ont probablement pas servi comme motivation première ou de moteur à l'instauration ou à la perpétuation de l'utilisation de peintures corporelles rayées. Reste que ces mouches sont affectées par ces peintures. Il faudrait peut-être inventer une place pour ces tiers-acteurs dans les systèmes d'action décrits par Gell.

Par ailleurs, une autre critique qu'on pourrait adresser à sa théorie de l'art concerne sa formalisation. Celle-ci peut donner l'impression de ne constituer qu'un vernis de scientificité. Un des points forts de cette formalisation est cependant de bien mettre en exergue la complexité des systèmes d'action : un même acteur peut dans certaines situations agir et pâtir en même temps, un acteur peut assumer simultanément plusieurs pôles d'activité, il peut agir en conjonction avec d'autres acteurs, on peut imaginer des situations où deux prototypes agissent conjointement sur un indice…

Un des avantages de la théorie de Gell, c'est qu'elle ne porte jamais sur l'intention des acteurs. Dans la théorie interprétative de l'art, une œuvre d'art est définie comme ce qui est conçu et voulu ainsi par l'artiste. Une telle définition réduit cependant tout de suite le domaine artistique aux seules productions réalisées par des êtres exprimant des intentions ; elle le réduit également aux seules sociétés où la catégorie d'art est utilisée.

Or, la force de la théorie de Gell, c'est qu'elle ne prédéfinit aucunement les êtres qui participent aux œuvres d'art, ce qui autorise des rapprochements, des comparaisons et des distinctions souvent originales comme lorsque nous comparons une photographie dans un article scientifique (la planche de Melin et Caro) à une robe animale (les zébrures des zèbres) et cette dernière à un bouclier guerrier ou à une toile d'araignée. Par ailleurs, avec Gell nous effectuons un autre mouvement marquant : il nous permet de penser le perspectivisme au sein d'une théorie de l'action.

CONCLUSION

Par-delà les ontologies

Illustration 38 : Dessin ethnographique d'une figurine koryak.

Dans *Les Formes du visible*, Philippe Descola propose une analyse serrée d'un très grand nombre d'images (plus de 150) en provenance du monde entier. Parmi celles-ci ou plus généralement parmi ces figures (car l'anthropologue ne limite pas son investigation aux seules images en deux dimensions), nous découvrons par exemple des figurines produites par les Koryaks, un peuple vivant dans le

Kamtchatka, en Russie. À la différence des planches de taxonomie moderne où les animaux sont représentés dans des positions « neutres » ou « mortes », les figurines koryaks placent toujours les animaux en position d'action, à l'affût, prêts à bondir ou en pleine course.

Ces figurines, explique l'auteur, invitent à prêter attention à ce qui motive l'animal, à ce qui l'inquiète : « Tous ces animaux que l'on voit entreprendre une action à l'évidence intentionnelle ou répondre comme il se doit à un événement imprévu ne peuvent manquer d'imposer à qui observe leur image l'idée qu'ils sont animés par des buts, qu'ils ont une intériorité tout comme les humains*. » Ce genre de figuration, en d'autres termes, nous incite de la sorte à attribuer une intériorité ou une perspective aux animaux. Descola estime que ce genre de figurines est courant en particulier dans les collectifs « animistes », des collectifs qui précisément attribuent – apprennent à attribuer – une intériorité aux animaux.

Les « formes » dont parle ici Descola correspondent aux « ontologies », aux « schèmes » ou à ce que nous préférons appeler les « modes d'attention » dont il traitait dans son précédent ouvrage, *Par-delà nature et culture*. Dans ce livre de 2005, l'anthropologue mettait en exergue des différences dans les modes d'attention : certains humains (les « modernes ») prêtent surtout attention aux différences cognitives ou spirituelles entre notre espèce, *Homo sapiens*,

*. Descola, *Les Formes du visible*, p. 107. Ce chapitre développe un argument présenté plus succinctement dans De Meyer, « *Les Formes du visibles* (recension) ».

et les autres animaux. Il s'agit du mode d'attention que Descola nomme « naturaliste ».

À l'inverse, dans les sociétés animistes, les différences cognitives, les différences liées à l'intériorité sont aplaties dans la mesure où tous les animaux sont considérés comme étant mus par les mêmes désirs et par les mêmes tourments que les humains ; tous les êtres sont conçus comme ayant une même intériorité. En revanche, chez eux, une attention toute particulière est portée aux différences physiques, aux apparences, car ce seraient celles-ci qui marqueraient les différences essentielles entre chaque espèce.

À quoi prêtons-nous attention : aux différences ou ressemblances corporelles, aux continuités ou aux discontinuités psychologiques ? Le mode d'attention animiste porte sur les différences physiques et les ressemblances psychologiques ; le mode d'attention naturaliste, pour sa part, se focalise sur les ressemblances corporelles (tous les êtres y sont considérés comme étant constitués des mêmes cellules de base) et sur les dissemblances psychologiques (les capacités de parler, de mentir, de rire, de poser des questions sont autant de compétences qui ont été proposées pour ériger un grand partage entre les humains et les animaux).

Deux autres modes d'attention ont été épinglés par l'anthropologue. Citons-les simplement sans entrer ici dans des explications plus détaillées : le mode d'attention « analogiste » qui insiste à la fois sur les différences extérieures et intérieures entre les êtres et le mode totémiste qui met l'accent, quant à lui, sur des ressemblances extérieures et intérieures en vue de produire des collectifs qui comportent toujours en même temps des humains et des animaux.

Dans *Par-delà nature et culture*, Descola s'attelait exclusivement à présenter ces quatre ontologies. Il laissait volontairement de côté la question de l'émergence de chacun de ces modes d'attention : pourquoi en Amazonie, le mode d'attention animiste est-il plus courant qu'en Australie ? Pourquoi à l'inverse, en Australie, les Aborigènes ont-ils adopté de manière privilégiée le mode d'attention totémiste alors qu'en Inde ou en Europe avant la Renaissance, c'est le mode analogiste qui prévalait ?

Il remettait à plus tard toutes ces questions, car « en accordant la priorité à une analyse combinatoire des modes de relation entre les existants, j'ai été conduit, expliquait-il, à différer l'étude de leur évolution* ». Dans *Les Formes du visible*, Descola semble remettre à une échéance encore plus lointaine l'étude de l'émergence des modes d'attention. Bien souvent, en effet, les images paraissent n'être que des exemples qui illustrent des ontologies détectées préalablement.

Les grammairiens distinguent deux usages de génitif. Dans le premier, nommé objectif, le génitif (introduit par la préposition « de » en français) est l'objet du nom auquel il se rapporte. En première lecture, le génitif du titre du livre de Descola, *Les Formes du visible*, est objectif, car ce sont les formes, les ontologies, les modes d'attention qui produisent le visible. Le visible n'est alors que l'objet

*. Descola, *Par-delà nature et culture*, p. 13.

passif des ontologies qui lui préexisteraient. Dans le cas concret avec lequel nous avons ouvert ce chapitre, nous dirions que les Koryaks ont produit leurs figurines parce qu'ils sont animistes.

Pourtant, par moments, Descola laisse entendre qu'on peut lire ce génitif autrement, sous une forme subjective pour reprendre ici la terminologie grammaticale : les formes, les ontologies, les modes d'attention proviennent du visible ; celui-ci les induit et les fait émerger. Le visible, les figures, les images informent les ontologies. Ce ne serait pas tant parce qu'ils sont animistes que les Koryaks ont produit des figurines d'animaux à l'affût, mais c'est au contraire parce que ces figures nous poussent à prêter attention à l'intériorité des êtres que les Koryaks sont devenus animistes à force de répéter ce genre de figuration (ainsi que d'autres habitudes qui induisent un même mode attentionnel).

Dans son ouvrage, Descola bascule constamment entre ces deux lectures possibles de son titre. Et pour cause, car l'influence est probablement à double sens entre les figures et les modes d'attention. Néanmoins, la seconde lecture des *Formes du visible* nous semble bien plus riche, car elle permet de penser les images dans leur caractère génératif. C'est aussi ce pan du travail de l'anthropologue qui se rapproche le plus du projet que nous avons tenté de mettre en œuvre dans le présent livre.

Lorsque nous étudiions les images perspectivistes, nous nous sommes aussi demandé à quoi celles-ci nous font prêter attention : à l'objet, au sujet ou à leur relation ? Portons-nous attention aux seuls humains ou également à d'autres animaux ? Rencontrons-nous des animaux ou non ? Les étudions-nous avec des expériences comportementales ? Les décrivons-nous seulement à partir d'une comparaison anatomique ? Les images perspectivistes, leurs utilisations et leurs modes de production peuvent nous rendre sensibles à des spécificités et à des différences entre les espèces. Elles peuvent aussi encourager des rencontres interspécifiques.

Le rapprochement que j'opère entre mon approche des images et celle de Descola n'est cependant possible qu'à la faveur d'une reformulation que nous avons proposée de sa théorie : alors qu'il traitait d'ontologies, nous avons préféré parler de modes d'attention. Cette reformulation n'est pas sans fondement à la lecture de son œuvre, car l'anthropologue considère que les ontologies sont « des types de structures cognitives, émotionnelles et sensori-motrices qui canalisent la production d'inférences automatiques, orientent l'action pratique et organisent l'expression de la pensée et des affects selon des trames relativement stéréotypées* ».

Néanmoins, Descola restreint les ontologies à des modes d'attention portant sur les continuités (les ressemblances) et les discontinuités (les différences) entre les intériorités et les extériorités des existants. En restreignant son analyse des divers modes d'attention à ces deux seules paires de caractéristiques (continu/discontinu, extériorité/intériorité), les ontologies paraissent logiquement et nécessairement limitées au nombre de quatre. Cependant, pourquoi vouloir restreindre *a priori* l'analyse des modes

*. *Ibid.*, p. 424.

d'attention à ces seules caractéristiques-là ? L'attention se décline de manière plus fine lorsqu'on ne présuppose pas à l'avance ce sur quoi elle porte.

L'avantage de l'approche restreinte et structuraliste de Descola est qu'elle permet d'apercevoir des ressemblances entre des collectifs éloignés géographiquement ; en d'autres termes, c'est une approche qui permet d'audacieuses comparaisons. Néanmoins, cet avantage se paie au détriment de l'étude des cas singuliers. Or, ceux-ci, parfois (c'est ce que nous avons tenté de montrer en en examinant quelques-uns) font ou pourraient participer à faire émerger des ontologies, des manières de nous rapporter au monde neuves et hors cadre, en dehors des structures préétablies.

Ainsi, Descola insérait le perspectivisme en peinture dans la case du naturalisme ; il décelait les prémices du naturalisme dans le traité sur la perspective linéaire d'Alberti. En effet, la pratique inaugurée par Brunelleschi nous rend surtout attentifs à l'extériorité des choses représentées sur le tableau. Néanmoins, nous avons cru préférable d'insister sur l'aspect perspectiviste, voire animiste de cette pratique.

C'est la raison pour laquelle nous avons décidé de parler de « perspectivisme objectivant » plutôt que de naturalisme comme le fait Descola. Ce décalage lexical n'est pas neutre car, en parlant d'une forme de perspectivisme, en le considérant comme l'un de ses nombreux plis, nous nous donnions également les moyens de penser les transformations de cette ontologie en d'autres ontologies, les métamorphoses de ce mode d'attention en d'autres modes d'attention.

Leibniz avait opéré un même mouvement lexical en physique. Il avait établi que rien ne pouvait jamais être au repos, au repos absolu, car si c'était le cas, on ne pourrait pas comprendre le passage du repos au mouvement. C'est ainsi qu'il inventa le concept de « mouvement minimal », de « mouvement infinitésimal » qu'il appelait le « mouvement évanouissant » ; le repos est un mouvement proche du zéro, mais est déjà un mouvement*.

De la même manière, en pensant dès le départ aux transformations des ontologies, en refusant de différer l'étude de leur genèse, nous nous apercevons qu'elles ne sont pas catégoriquement différentes ; elles ne sont pas hermétiquement isolées les unes des autres. Pour ma part, je voulais me donner les concepts nécessaires pour penser les intrications de ces modes d'attention, leurs instabilités, leurs vacillements et leurs métamorphoses.

Quand Deleuze appelle « faible » ou « banal » le perspectivisme subjectiviste, il ne pensait peut-être pas au problème de sa transformation. Il n'en demeure pas moins que ces qualificatifs ont justement cet avantage de permettre de penser à la façon de rendre le perspectivisme plus fort ou plus exigeant. J'espère être parvenu à indiquer comment y parvenir en prêtant attention aux mondes que ce concept participe à construire, aux relations qu'il permet ou non d'instaurer. Souvent, il s'agit de petits

*. Leibniz, *Théodicée*, §348 : « En vertu de cette loi [de la continuité], il faut qu'on puisse considérer le repos comme un mouvement évanouissant après avoir été continuellement diminué ; et de même l'égalité, comme une inégalité qui s'évanouit aussi [...]. »

accommodements qui produisent des effets attentionnels comme lorsque Abbott Thayer utilisait la perspective linéaire, celle-là même qui donna lieu à l'objectivisme en science (le naturalisme à son paroxysme), mais en la détournant afin de prendre en compte le point de vue des animaux.

En spécifiant le point de vue, en s'opposant de la sorte à l'idée d'un point de vue quelconque, le peintre-zoologiste modifiait en fait la notion de perspective, il nous invitait à prêter attention (comme dans le cas des statuettes koryaks) à l'intériorité des animaux. C'est pour nous laisser cette possibilité de penser ce type de reprise créative des techniques figuratives que nous avons choisi de penser le naturalisme comme une forme minimale de perspectivisme. Une forme minimale certes, mais une forme de perspectivisme malgré tout.

En outre, en présentant quelques œuvres scientifiques qui instaurent ou participent à l'instauration d'autres ontologies, des ontologies non naturalistes, nous voulions aussi nous défaire des raccourcis parfois trop simples entre science, modernité et naturalisme. Les sciences sont plurielles et au cœur même de ces entreprises, nous voyons poindre à certains moments des formes de perspectivisme plus proches peut-être de l'animisme amazonien que du naturalisme moderne.

En suivant des scientifiques qui pistent des loups dans le Var, d'autres qui étudient les ours dans le Yellowstone aux États-Unis ou qui dénombrent les panthères dans les steppes kirghizes, le philosophe Baptiste Morizot suggère lui aussi qu'au sein même de certaines pratiques scientifiques, de nouvelles ontologies émergent : « Il me semble parfois que le pistage substitue sous nos pieds, dans la forêt, alors qu'on a le dos tourné, une ontologie à une autre : le schème naturaliste devient perspectiviste*. »

De même, nous avons discuté de quelques œuvres graphiques scientifiques qui nous relient au monde sur des modes autres que celui du naturalisme : sous nos yeux (mais les yeux ne suffisent pas), un pli perspectiviste, le naturalisme ou le perspectivisme zéro, prend une autre tournure, suit une autre courbure et devient un perspectivisme plus fort, un perspectivisme relationnel.

En suggérant quelques lignes de fuite du naturalisme, en indiquant quelques fissures au cœur même de cette ontologie, nous partageons le projet de Michel Serres qui espérait que son œuvre puisse participer à ce « qu'émerge cette métaphysique *totipotente*, souple assez pour laisser autant de choix à l'invention libre et à la nouveauté** ». Les fissures ontologiques sont aussi les brèches par où peuvent émerger de nouveaux mondes, des mondes où l'on peut imaginer d'autres liens entre les êtres, où l'on peut commencer à penser d'autres modes de cohabitation.

*. Morizot, *Sur la piste animale*, p. 129. Une anthropologue des connaissances, Laura Rival, entretient un projet similaire lorsqu'elle suit des biologistes en Amazonie péruvienne ; elle raconte comment leurs cadres naturalistes, leurs modes d'attention, se transforment lorsque ces scientifiques viennent à collaborer avec des Amérindiens. Voir Rival, « Encountering nature through fieldwork ».

**. Serres, *Écrivains, savants et philosophes font le tour du monde*, p. 13.

POSTFACE

Des crayons de couleur

Illustration 39 : Crayons avec des symboles étiquetés pour indiquer leurs couleurs.

Qui a vu le zèbre ? est d'abord un récit où j'ai cherché à raconter comment une notion contraint, oblige, incline, invite, pousse les humains à agir d'une façon ou d'une autre. Ici, la multiplication des verbes doit être cultivée, car l'influence des concepts n'est pas simple ; au contraire, elle prend des configurations différentes d'une situation à une autre. N'est-ce pas d'ailleurs une des tâches de la philosophie de cartographier toutes ces formes d'influence allant des inclinaisons presque inconscientes aux dispositions les plus fermes et violentes ?

Avec Philippe Descola, avec Henri Bergson et Donna Haraway, avec d'autres encore, j'ai voulu raconter comment, en fonction de la manière dont on la construit, la notion de perspective (avec tout le champ pragmatique qu'elle charrie) ouvre ou ferme la possibilité de penser et de créer des liens nouveaux avec les êtres qui nous accompagnent dans nos vies.

C'est cette possibilité d'imaginer de nouvelles écologies qui rend l'étude du concept de perspective si actuelle et si urgente. Pourtant, l'actualité et l'urgence n'expliquent jamais à elles seules le choix de nous intéresser à telle question plutôt qu'à telle autre. Il existe toujours d'autres raisons qui relèvent de l'amour ou du désamour, de l'intrigue ou de l'amusement et qui nous amènent à consacrer des années de recherche, voire toute une vie à un thème, une problématique ou un concept.

C'est certainement vrai en ce qui me concerne. Dès mes premières années à l'université, j'ai été attiré par les travaux de Philippe Descola et d'Eduardo Viveiros de Castro. Tous deux, m'ont guidé vers la monadologie de Leibniz, ce philosophe qui, plus que d'autres, place la perspective au cœur de son système conceptuel*. Mais qu'est-ce qui

*. Voir De Meyer, « Leibniz, el perspectivismo amazónico y el naturalismo ».

peut expliquer cet intérêt qui fut presque immédiat chez moi, pour tous ces auteurs qui traitent de perspectives ?

Vinciane Despret m'a déclaré un jour, sur le ton de l'humour, « toi, Thibault, tu es né avec une question ». Une telle affirmation, surtout de sa part, n'est bien sûr pas la réinvention de la théorie platonicienne de la réminiscence et de l'innéité des idées. Venant d'elle, c'était avant tout une incitation à me demander depuis quand je me posais cette question, depuis quand j'avais commencé à faire exister ce problème de la perspective et ce, bien avant l'université et loin en dehors de ses murs.

Même s'il est illusoire de vouloir établir avec certitude le lieu de naissance des idées (laissons-leur le privilège de pouvoir vivre et voyager sans documents d'identité), je me souviens au moins d'un moment qui m'a fortement marqué. Je devais avoir sept ou huit ans. Mon père avait décidé de nous expliquer, à mon frère et moi, la théorie de la sélection naturelle de Charles Darwin.

Il mit en place un dispositif pédagogique. Il recouvrit la table à manger d'une nappe gris foncé (ou, en tout cas, d'une couleur foncée). Il nous demanda alors de placer des ours en carton sur la table. Certains étaient bruns, d'autres étaient blancs. Il fit enfin entrer en scène un oiseau géant qui, nous avait-il expliqué, s'attaquait aux ours. À quels ours s'attaquera-t-il le plus facilement, les blancs ou les bruns ? Quels ours, inversement, auront donc le plus de chance de survivre à de telles attaques ? On refit, ensuite, le même jeu avec une nappe blanche.

Le scénario, qui était intentionnellement simplifié pour des raisons pédagogiques, s'apparentait davantage à une expérience de pensée qu'à l'histoire naturelle. Il permettait pourtant déjà de faire comprendre qu'en fonction des situations, un même trait pouvait être avantageux ou désavantageux. À la fin de l'activité, peut-être pour rendre toute cette théorie plus interpellante, il nous adressa, à mon frère et à moi, une remarque : si nous vivions dans la forêt, vos problèmes visuels vous causeraient bien plus d'ennuis, car pour distinguer les fruits mûrs ou pour détecter les serpents, il vaut mieux voir les couleurs.

Or mon frère et moi sommes tous les deux nés achromates. L'achromatopsie, aussi appelée la cécité chromatique, est l'incapacité à percevoir les couleurs à cause de l'absence de cônes, c'est-à-dire des cellules spécialisées de la rétine qui permettent de voir en pleine lumière et de discriminer les couleurs.

Cette affection visuelle est à distinguer du daltonisme (ou dyschromatopsie), car une personne daltonienne ne perçoit pas toutes les couleurs, mais elle en discerne néanmoins un grand nombre. Elle a, en outre, l'avantage, par rapport aux achromates de ne pas avoir de réduction de l'acuité visuelle ni d'hypersensibilité à la lumière. C'est cette hypersensibilité à la lumière, cette photophobie, qui explique que les achromates plissent les yeux lorsqu'ils ne portent pas de lunettes de soleil.

Nous avions la chance, poursuivait mon père, de vivre en ville, où la vision des couleurs n'est plus une question de vie ou de mort. Mais, pour nous encourager, il imaginait que si nous venions à vivre dans des tranchées obscures (il pensait aux tunnels de la guerre du Vietnam), alors les achromates auraient peut-être un avantage, car avec leurs yeux munis exclusivement de bâtonnets, les cellules visuelles nocturnes, ils verraient mieux dans le noir (pendant longtemps, j'ai d'ailleurs cru que je voyais mieux dans l'obscurité que les autres, ce qui est en fait faux, j'y vois par contre environ aussi bien que les bien-voyants, mais comme le différentiel visuel diminue entre eux et moi, j'ai l'impression que ma vision s'améliore).

Comment devrait être le monde pour que ma façon de voir devienne un avantage ? Cette question, sur laquelle je n'ai cessé de revenir depuis ces premiers jeux éducatifs, associait déjà les façons de voir à des mondes à hériter ou à inventer, à des champs d'action rendus plus ou moins faciles, à des effets qu'il fallait peut-être davantage éprouver plutôt que de simplement les évoquer dans une expérience de pensée.

Avec le recul, je remarque que la question de la perspective aurait aussi pu apparaître avec l'exemple des ours et de l'oiseau en lui-même, car on aurait pu, on aurait dû d'ailleurs se demander comment l'oiseau (qui n'était pas spécifié) perçoit le monde. Néanmoins, comme la vision de l'oiseau était réputée identique à la nôtre et qu'elle ne variait pas d'une situation à l'autre, elle ne se présentait pas comme problématique. Dans le jeu, analogue à l'histoire des phalènes du bouleau de Manchester, la perspective de l'oiseau imaginaire était invisibilisée, ainsi qu'elles l'ont souvent été en biologie, songeons aux recherches de Francis Galton et d'Alfred Wallace, par exemple.

Les sciences biologiques ont donc accompagné, depuis le plus jeune âge, mes problèmes de perspective – ce sont elles, en fait, qui m'ont permis de transformer un « problème visuel » en un « problème de perspective »*. Une telle transformation, plutôt que de les mettre à distance, disloquait ou déterritorialisait mes problèmes personnels. Cette transformation me poussait à trouver d'autres lieux pour considérer ces problèmes ; elle m'invitait à les penser non pas sur le mode de la théorie ou sur celui de la subjectivité, mais plutôt sur celui de la mise en série**.

Je me suis donc mis très tôt à cultiver un champ chaque fois plus large et plus surprenant de situations où les différences de perspective produisent des effets à la fois matériels et conceptuels. Des situations, des situations, des situations – il m'en fallait en série pour penser, pour travailler, pour incurver, pour renforcer le concept de perspective***. C'est cette recherche de situations perspec-

*. Je ne suis probablement pas le seul à avoir transformé de la sorte un problème sensoriel en problème de perspective. Ed Yong remarque que « de nombreux biologistes sensoriels ont eux-mêmes certaines facultés divergentes ». Il continue par une assertion qui demanderait un tout petit peu de précautions : « Il se pourrait que les gens percevant le monde d'une manière considérée comme atypique ressentent intuitivement les limites de la typicité. » Le problème est évidemment de savoir ce qu'on entend par « intuitivement » : l'intuition se construit probablement le plus souvent au cours d'« anecdotes vitales » comme celles que je relate dans cette postface. Voir Yong, *Un monde immense*, p. 22-23.

**. Deleuze, *Pourparlers*, p. 129 : « La logique d'une pensée, ce n'est pas un système rationnel en équilibre, c'est comme un vent qui nous pousse dans le dos, une série de rafales et de secousses. »

***. Même si ce n'est ici pas le lieu pour élaborer une analyse du statut des exemples en philosophie, précisons tout de même que les situations que nous avons abordées n'ont jamais été considérées tivistes qui me conduisit vers l'éthologie, une discipline qui est confrontée quotidiennement à de telles situations. Je me suis tourné vers les éthologues en tant qu'ils sont les détenteurs d'une véritable expertise en matière de perspective.

Avec quelques années de retard, je peux peut-être enfin répondre à Vinciane. Oui, c'est vrai, cette série de situations, j'ai commencé à la constituer depuis que je suis né. Ou, du moins, peu après ma naissance. Car si, à sept ans, la question a réverbéré chez moi, beaucoup plus que chez mon frère par exemple (chez lui, les effets de ce jeu ont été moindres ou du moins ont été vécus sur un autre mode), c'est parce que, dès la maternelle, j'avais déjà commencé à cultiver ce champ problématique.

Dans un de mes premiers souvenirs, un de mes plus anciens, j'étais étonné que ma cousine, qui était dans la même classe que moi, puisse aimer tellement mes crayons avec des symboles de soleil, d'arbre, d'herbe, etc. Une assistante maternelle avait collé sur mes crayons ces autocollants, de très bon cœur, je n'en doute pas, afin que je puisse moi aussi dessiner en couleurs, « comme tout le monde ». Le souci, c'est que je ne voyais pas l'intérêt de ces crayons, si ce n'est pour les offrir en cadeau à ma cousine (qui prenait d'ailleurs bien du plaisir à colorier mes dessins à ma place).

comme de simples exemples, car un exemple est voué à disparaître une fois qu'il a rempli sa fonction, alors que le cas doit pouvoir susciter des intérêts au-delà de la théorie qu'il a participé à faire émerger. Il ne s'épuise pas dans la théorie. Nous avons tenté de travailler les situations en tant que cas plutôt qu'en tant qu'exemples.

Dans une telle situation, sans doute devais-je déjà me poser, de façon plus ou moins inchoative, des questions autour des effets des perceptions : qu'est-ce qui fait qu'elle aime tellement ces crayons ? Qu'est-ce qu'elle y voit ?

Cette question m'a rendu plutôt réticent aux critiques trop catégoriques et extérieures du « visiocentrisme », c'est-à-dire de la place prépondérante qu'a le sens de la vue dans nos conceptions théoriques et nos pratiques sociales. Il faut évidemment laisser une place aux autres sens, penser et promouvoir les mondes du toucher, par exemple*.

Mais il y a aussi moyen de faire bégayer le visiocentrisme de l'intérieur, en interrogeant le sens de la vue lui-même, en nous posant la question de savoir « si l'on ne pourrait pas reconsidérer les critères qui mènent à la conclusion que la vue est le meilleur des sens** ».

C'est cette autre voie que repèrent Evelyn Fox Keller et Christine Grontkowski, une voie que j'ai suivie car elle m'a permis d'honorer une variété de façons de voir, avec plus ou moins d'acuité, avec plus ou moins de couleurs, avec des yeux de mammifères ou avec des yeux à facettes, avec des yeux grand ouverts ou avec des yeux plissés…

*. Berrard & Choulet-Vallet, « Mettre en contact plutôt que mettre à distance le monde sensible ». Pour une invitation aux sens animaux autres que visuels, voir aussi Yong, *Un monde immense*.

**. Keller & Grontkowski, « The mind's eye », p. 221. Marie Kill, qui m'a signalé cette référence, la commente autrement dans le cadre de sa thèse en cours de rédaction à l'université de Liège sur les épistémologies féministes alternatives.

En racontant cette variété visuelle, nous montrons en même temps à quel point le visiocentrisme, et c'est là peut-être toute la tristesse de cette position majoritaire, « passe à côté d'un pan entier de l'expérience visuelle* ».

Sans le savoir, cette question – qu'est-ce que nous (nous disjonctivement) y voyons ? – m'obligeait donc à faire un pas de côté par rapport à une habitude ancrée dans la pensée occidentale qui a trop souvent considéré la vision de manière simple et unique, alors qu'elle est, au contraire, multiple et variée.

Je ne pouvais pas non plus savoir que cette question, cette question que je me posais en classe maternelle, nous emmènerait suivre les scientifiques qui étudient les zèbres en Tanzanie, nous placerait aux côtés d'une primatologue qui observe les singes capucins dichromates au Costa Rica, ou encore nous mettrait en compagnie d'un naturaliste qui, en Allemagne, se passionne pour les tiques et les coquilles Saint-Jacques…

Le problème de la perspective n'est décidément plus personnel, il ne l'a jamais vraiment été. Au contraire, le problème de la perspective exerce depuis toujours une fonction politique, car il fait naître des mondes – il ouvre la possibilité d'en inventer d'autres.

*. *Idem.*, p. 220. Avec des collègues de l'université de Liège, nous nous attelons à composer un *Dictionnaire des manières de voir* qui rendrait honneur à tous ces pans rendus impensables à cause de la prépondérance même de la vision dans la tradition philosophique occidentale.

Bibliographie

Agamben, Giorgio, *L'Ouvert. De l'homme et de l'animal*, trad. Joël Gayraud, Paris, Rivages, 2016 [2002].

Aikhenvald, Alexandra, « The grammar of knowledge : a cross-linguistic view of evidentials and the expression of information source », *in* Alexandra Aikhenvald & R. M. W. Dixon (éd.), *The Grammar of Knowledge : A Cross-Linguistic Typology*, Oxford, Oxford University Press, 2014, p. 1-51.

Alberti, Leon Battista, *La Peinture*, trad. Thomas Golsenne et Bertrand Prévost (édition trilingue, lat., it., fr.), Paris, Seuil, 2004 [1435].

Alloa, Emmanuel, *Partages de la perspective*, Paris, Fayard, 2020.

Alloa, Emmanuel, « Réaliser », *in* Emmanuel Alloa & Élie During (éd.), *Choses en soi. Métaphysique du réalisme*, Paris, Presses universitaires de France, 2019, p. 149-164.

Angeli, Niccolò (degli), *Facezie e Motti dei Secoli xv e xvi. Codice Inedito Magliabechiano*, Bologne, Presso Gaetano Romagnoli, 1874 [1515].

Aristote, *Métaphysique*, trad. Marie-Paul Duminil & Annick Jaulin, Paris, Flammarion, 2008.

Bach, Friedrich Teja, « Filippo Brunelleschi and the fat woodcarver : the anthropological experiment of perspective and the paradigm of the picture as inlay », *Res : Anthropology and Aesthetics*, vol. 51, 2007, p. 157-174.

Barua, Maan, *Lively Cities : Reconfiguring Urban Ecology*, Minneapolis, University of Minnesota Press, 2023.

Bates, Henry, « Contributions to an insect fauna of the Amazon Valley : Lepidoptera heliconidae », *The Transactions of the Linnean Society of London*, vol. 23, 1862, p. 495-566.

Behrens, Roy, « Seeing through camouflage : Abbott Thayer, background-picturing and the use of cutout silhouettes », *Leonardo*, vol. 51, n° 1, 2018, p. 41-46.

Bell, Janis, « Perspective », *The Dictionary of Art*, vol. 24, New York, Grove, 2003.

Bergson, Henri, *Histoire de l'idée de temps. Cours au Collège de France, 1902-1903*, Paris, Presses universitaires de France, 2016.

Berrard, Anna & Anaïs Choulet-Vallet, « Mettre en contact plutôt que mettre à distance le monde sensible. Pour une épistémologie écoféministe du toucher », *Tracés*, n° 42, 2022, p. 97-122.

Blaisdell, Muriel, « Natural theology and nature's disguises », *Journal of the History of Biology*, vol. 15, n° 2, 1982, p. 163-189.

Blake, Randolf, Steven Cool, M. L. J. Crawford, « Visual resolution in the cat », *Vision Research*, vol. 14, n° 11, 1974, p. 1211-1217.

Borges, Jorge Luis, *Fictions*, trad. Jean Pierre Bernès, *in Œuvres complètes, tome I,* Paris, Gallimard, 2010 [1944].

Bouquiaux, Laurence, « La notion de *point de vue* dans l'élaboration de la métaphysique leibnizienne », *in* Benoît Timmermans (éd.), *Perspective. Leibniz, Whitehead, Deleuze*, Paris, Vrin, 2006, p. 23-54.

Boynton, Mary, « Abbott Thayer and natural history », *Osiris*, vol. 10, 1952, p. 542-555.

Bradley, Ben, *Darwin's Psychology*, Oxford, Oxford University Press, 2020.

Brady, John & William Shereni, « Landing responses of the tsetse fly *Glossina morsitans* Westwood and the stable fly *Stomoxys calcitrans* (L.) (Diptera : Glossinidae & Muscidae) to black-and-white patterns : a laboratory study », *Bulletin of Entomological Research*, vol. 78, n° 2, 1988, p. 301-311.

Brown, Karen, « From Ubombo to Mkhuzi : disease, colonial science, and the control of *nagana* (livestock trypanosomosis) in Zululand, South Africa, c. 1894-1953 », *Journal of the History of Medicine and Allied Sciences*, vol. 63, n° 3, 2008, p. 285-322.

Buchanan, Brett, *Onto-Ethologies : The Animal Environments of Uexküll, Heidegger, Merleau-Ponty, and Deleuze*, Albany, State University of New York Press, 2008.

Burghardt, Gordon, « Anthropomorphism », *in* Jennifer Vonk & Todd Schackelford (éd.), *Encyclopedia of Animal Cognition and Behavior*, Cham, Springer, 2017.

Byosiere, Sarah-Elizabeth, Philippe Chouinard, Tiffani Howell, Pauleen Bennett, « What do dogs (*Canis familiaris*) see? A review of vision in dogs and implications for cognition research », *Psychonomic Bulletin & Review*, vol. 25, n° 5, 2018, p. 1798-1813.

Caro, Tim, *Zebra Stripes*, Chicago, The University of Chicago Press, 2016.

Caro, Tim, Amanda Izzo, Robert Reiner, Hannah Walker & Theodore Stankowich, « The function of zebra stripes », *Nature Communications*, vol. 5, n° 1, 2014.

Caro, Tim, Sami Merilaita & Martin Stevens, « The colours of animals : from Wallace to the present day. I. Cryptic coloration », *in* Charles Smith & George Beccaloni (éd.), *Natural Selection and Beyond: The Intellectual Legacy of Alfred Russel Wallace*, Oxford, Oxford University Press, 2008, p. 125-143.

Caro, Tim, *Antipredator Defenses in Birds and Mammals*, Chicago, The University of Chicago Press, 2005.

Caro, Tim, « The adaptive significance of coloration in mammals », *BioScience*, vol. 55, n° 2, 2005, p. 125-136.

Caro, Tim, « Abundance and distribution of mammals in Katavi National Park, Tanzania », *African Journal of Ecology*, vol. 37, n° 3, 1999, p. 305-313.

Caro, Tim, « Predatory behaviour in domestic cat mothers », *Behaviour*, vol. 74, n° 1/2, 1980, p. 128-148.

Caro, Tim, « Observations on the ranging behaviour and daily activity of lone silverback mountain gorillas », *Animal Behaviour*, vol. 24, n° 4, 1976, p. 889-897.

Caves, Eleanor, Stephen Nowicki & Sönke Johnsen, « Von Uexküll revisited : addressing human biases in the study of animal perception », *Integrative & Comparative Biology*, vol. 59, n° 6, 2019, p. 1451-1462.

Chakrabarti, Pratik, *Medicine & Empire, 1600-1960*, New York, Palgrave Macmillan, 2013.

Chamois, Camille, *Un autre monde possible. Gilles Deleuze face aux perspectivismes contemporains*, Rennes, Presses universitaires de Rennes, 2022.

Chamois, Camille. « Le perspectivisme est-il une “théorie de l'esprit locale” ? » *L'Homme*, n° 238, 2021, p. 35-62.

Chiao, Chuan-Chin, Wen-Yen Wu, Sheng-Hui Chen & En-Cheng Yang, « Visualization of the spatial and spectral signals of orb-weaving spiders, *Nephila pilipes*, through the eyes of a honeybee », *The Journal of Experimental Biology*, vol. 212, n° 14, 2009, p. 2269-2278.

Clément, Pierre, « Des mondes animaux », *Sciences et avenir*, hors-série n° 119, « Comment ils voient le monde », juillet 1999, p. 20-25.

Colby, Carl, *Invisible : Abbott Thayer and the Art of Camouflage*, film documentaire, 56 min., Phoenix Learning Group, 2008.

Cole, Alison, *La Perspective. La profondeur et l'illusion*, trad. Frédéric Morvan, Paris, Gallimard, 1993 [1992].

Comar, Philippe, *La Perspective en jeu. Les dessous de l'image*, Paris, Gallimard, 1992.

Corsin Jiménez, Alberto & Chloe Nahum-Claudel, « The anthropology of traps : concrete technologies and theoretical interfaces », *Journal of Material Culture*, vol. 24, n° 4, 2019, p. 383-400.

Cortés Zulueta, Concepción, « How does a snail see the world? Imagining non-human animals' visual *Umwelten* », *in* Carla Taban (éd.), *Meta- and Inter-Images in Contemporary Visual Art and Culture*, Louvain, Leuven University Press, 2013, p. 263-279.

Cott, Hugh, *Adaptive Coloration in Animals*, Londres, Methuen, 1940.

Cullen, Jason, *Deleuze and Ethology : A Philosophy of Entangled Life*, New York, Bloomsbury, 2020.

Cuthill, Innes, *et al.*, « The biology of color », *Science*, vol. 357, n° 6350, 2017.

Damisch, Hubert, *La Ruse du tableau. La peinture ou ce qu'il en reste*, Paris, Seuil, 2016.

Damisch, Hubert, *L'Origine de la perspective*, Paris, Flammarion, 2012 [1987].

Damisch, Hubert, *La Dénivelée. À l'épreuve de la photographie*, Paris, Seuil, 2001.

Danowski, Déborah & Eduardo Viveiros de Castro, « L'arrêt de monde », *in* Émile Hache (éd.), *De l'univers clos au monde infini*, Bellevaux, Déhors, 2014.

Daston, Lorraine & Peter Galison, *Objectivité*, trad. Sophie Renaut & Hélène Quiniou, Dijon, Les presses du réel, 2012 [2007].

Daston, Lorraine, « Intelligences : angelic, animal, human », *in* Lorraine Daston & Gregg Mitman (éd.), *Thinking with Animals : New Perspectives on Anthropomorphism*, New York, Columbia University Press, 2005, p. 37-57.

Deleuze, Gilles & Félix Guattari, *Qu'est-ce que la philosophie ?*, Paris, Minuit, 1991.

Deleuze, Gilles, *Pourparlers. 1972-1990*, Paris, Minuit, 1990.

Deleuze, Gilles, « Sur Leibniz – Le point de vue », cours à Paris 8, Saint-Denis, 1986, accessible sur <https://www.webdeleuze.com/textes/261> (consulté le 15 janvier 2024).

Deleuze, Gilles, *L'Image-mouvement. Cinéma 1*, Paris, Minuit, 1983.

Deleuze, Gilles, *Spinoza. Philosophie pratique*, Paris, Minuit, 1981.

Deleuze, Gilles & Félix Guattari, *Mille plateaux*, Paris, Minuit, 1980.

Deleuze, Gilles, « Sur Leibniz », cours sur Leibniz à Vincennes, 5 séances, 1980, accessible sur <https://www.webdeleuze.com/cours/leibniz> (consulté le 15 janvier 2024).

Deleuze, Gilles, *Différence et Répétition*, Paris, Presses universitaires de France, 1968.

De Meyer, Thibault, « Épaissir le perspectivisme scientifique. De Ronald Giere à Donna Haraway », *in* Camille Chamois & Didier Debaise (éd.), *Perspectivismes métaphysiques*, Paris, Vrin, 2023, p. 147-158.

De Meyer, Thibault, *Le Bestiaire de Brunelleschi. Le perspectivisme et sa réinvention en éthologie*, thèse en philosophie, université de Liège, 2022.

De Meyer, Thibault, « *Les Formes du visible*, by Philippe Descola (review) », *Common Knowledge*, vol. 28, n° 3, 2022, p. 458-459.

De Meyer, Thibault, « Systems of nature and taxonomy », *in* Dana Jalobeanu & Charles T. Wolfe (éd.), *Encyclopedia of Early Modern Philosophy and the Sciences*, Cham, Springer, 2020.

De Meyer, Thibault. « Leibniz, el perspectivismo amazónico y el naturalismo ». *in* Juan Antonio Nicolás & Vivianne de Castilho Moreira (éd.), *Leibniz : razón, principios y unidad*, Grenade, Comares, 2020, p. 29-37.

Descola, Philippe, *Les Formes du visible*, Paris, Seuil, 2021.

Descola, Philippe, *Par-delà nature et culture*, Paris, Gallimard, 2005.

Despret, Vinciane, *Quand le loup habitera avec l'agneau*, Paris, La Découverte, 2020 [2004].

Despret, Vinciane & Stéphan Galetic, « Faire de James un "lecteur anachronique" de Von Uexküll : esquisse d'un perspectivisme radical », *in* Didier Debaise (éd.), *Vie et Expérimentation. Peirce, James, Dewey*, Paris, Vrin, 2007, p. 45-76.

Dimberton, Alexandre, « La vision des bovins », site internet du Syndicat national des ophtalmologistes de France, 1999, accessible sur <https://www.snof.org/encyclopedie/la-vision-des-bovins> (consulté le 15 janvier 2024).

Duprat, Guillaume, *Dans la peau d'un monstre*, Paris, Saltimbanque, 2020.

Duprat, Guillaume, *Univers. Des mondes grecs aux multivers*, Paris, Saltimbanque, 2018.

Duprat, Guillaume, *Zooptique. Imagine ce que les animaux voient*, Paris, Seuil, 2013.

Duprat, Guillaume, *Le Livre des terres imaginées*, Paris, Seuil, 2008.

Dyer, Jennifer, « The metaphysics of the mundane : understanding Andy Warhol's serial imagery », *Artibus et Historiae*, n° 49, 2004, p. 33-47.

Edgerton, Samuel, « Brunelleschi's first perspective picture », *Arte Lombarda*, n° 38-39, 1973, p. 172-195.

Egri, Ádám, Miklós Blahó, Kriska György, Róbert Farkas, Mónika Gyurkovszky, Susanne Åkesson, Gábor Horváth, « Polarotactic tabanids find striped patterns with brightness and/or polarization modulation least attractive : an advantage of zebra stripes », *Journal of Experimental Biology*, vol. 215, n° 5, 2012, p. 736-745.

Elkins, James, *The Poetics of Perspective*, Ithaca, Cornell University Press, 1994.

Entsu, Shigeki, Hiroshi Dohi & Akihisa Yamada, « Visual acuity of cattle determined by the method of discrimination learning », *Applied Animal Behaviour Science*, vol. 34, n° 1, 1992, p. 1-10.

Esposito, Maurizio, « Kantian ticks, Uexküllian melodies, and the transformation of transcendental philosophy », *in* Francesca Michelini & Kristian Köchy (éd.), *Jakob von Uexküll and Philosophy : Life, Environments, Anthropology*, New York, Routledge, 2020, p. 36-51.

Exner, Sigmund, *Die Physiologie der Facettirten Augen von Krebsen und Insecten : Eine Studie*, Leipzig, Franz Deuticke, 1891.

Fehlman, Gaëlle & Andrew King, « Bio-logging », *Current Biology*, vol. 26, n° 18, 2016, p. 830-831.

Foucault, Michel, *Surveiller et Punir*, Paris, Gallimard, 1975.

Foucault, Michel, *Ceci n'est pas une pipe*, Saint-Clément-de-Rivière, Fata Morgana, 1973.

Galloway, Alexander, *Gaming : Essays on Algorithmic Cultures*, Minneapolis, University of Minnesota Press, 2006.

Galton, Francis, *The Narrative of an Explorer in Tropical South Africa*, Londres, John Murray, 1852.

Gambarotto, Andrea, *Vital Forces, Teleology and Organization : Philosophy of Nature and the Rise of Biology in Germany*, New York, Springer, 2017.

Gavray, Marc-Antoine, « Perspectivisme et antilogie. Le point de vue des sophistes », *in* Quentin Landenne (éd.), *Philosopher en points de vue. Histoire des perspectivismes philosophiques*, Bruxelles, Presses de l'université Saint-Louis, 2020, p. 13-34.

Gell, Alfred, *L'Art et ses agents. Une théorie anthropologique*, trad. Olivier Renaut & Sophie Renaut, Dijon, Les presses du réel, 2009 [1998].

Gell, Alfred, « Vogel's net : traps as artworks and artworks as traps », *Journal of Material Culture*, vol. 1, n° 1, 1996, p. 15-38.

Genette, Gérard, *Figures III*, Paris, Seuil, 1972.

Gibson, Gabriella, « Do tsetse flies "see" zebras? A field study of the visual response of tsetse to striped targets », *Physiological Entomology*, vol. 17, n° 2, 1992, p. 141-147.

Giere, Ronald, *Scientific Perspectivism*, Chicago, University of Chicago Press, 2006.

Gioseffi, Decio, *Perspectiva Artificialis. Per la storia della prospettiva : spigolature e appunti*, Trieste, Istituto di storia dell'arte antica e moderna, 1957.

Glansdorff, Valérie, « Une question de perspective », *Billebaude*, vol. 16, 2020, p. 27-31.

Grimaud, Emmanuel, « From the squid's point of view : mountable cameras, flexible studios and the perspectivist turn », *in* Ignacio Farías & Alex Wilkie (éd.), *Studio Studies : Operations, Topologies, and Displacements*, New York, Routledge, 2015, p. 56-69.

Haddad, Leïla, *Cosmos. Une histoire du ciel*, illustré par Guillaume Duprat, Paris, Seuil, 2009.

Haddad, Leïla, *Mondes. Mythes et images de l'univers*, illustré par Guillaume Duprat, Paris, Seuil, 2006.

Hagelstein, Maud, « Brasser l'histoire de l'art de ses larges bras : l'imagier, l'atlas, le musée imaginaire », document de travail, 2015, accessible sur <https://orbi.uliege.be/handle/2268/179763> (consulté le 15 janvier 2024).

Hagelstein, Maud, *Origine et survivances des symboles. Warburg, Cassirer, Panofsky*, Hildesheim, Olms, 2014.

Hagelstein, Maud, « Art contemporain et phénoménologie. Réflexion sur le concept de lieu chez Georges Didi-Huberman », *Études phénoménologiques*, n° 41/42, 2005, p. 133-164.

Hanich, Julian, « Experiencing extended point-of-view shots : a film-phenomenological perspective on extreme character subjectivity », *in* Maike Reinhert & Jan-Noël Thon (éd.), *Subjectivity Across Media. Interdisciplinary and Transmedial Perspectives*, New York, Routledge, 2016, p. 127-144.

Haraway, Donna, *Quand les espèces se rencontrent*, trad. Fleur Courtois-L'Heureux, Paris, La Découverte, 2021 [2007].

Haraway, Donna, « Savoirs situés : question de la science dans le féminisme et privilège de la perspective partielle », trad. Denis Petit et Nathalie Magnan, *Manifeste cyborg et autres essais*, Paris, Exils, 2007 [1988], p. 107-142.

Haraway, Donna, *The Haraway Reader*, New York, Routledge, 2003.

Haraway, Donna, *Primate Visions : Gender, Race, and Nature in the World of Modern Science*, New York, Routledge, 1990.

Harding, Sandra (éd.), *The Feminist Standpoint Theory Reader : Intellectual and Political Controversies*, New York, Routledge, 2004.

Harris, Roy, « Visual and verbal ambiguity, or why ceci was never a pipe », *Word & Image*, vol. 21, n° 2, 2005, p. 182-187.

Heredia, Juan Manuel, « Jakob von Uexküll, an intellectual history », *in* Francesca Michelini & Kristian Köchy (éd.), *Jakob von Uexküll and Philosophy : Life, Environments, Anthropology*, New York, Routledge, 2020, p. 17-35.

Hockney, David, *Savoirs secrets. Les techniques perdues des maîtres anciens*, trad. Pierre St Jean, Paris, Seuil, 2001 [2001].

Hockney, David & Martin Gayford, *Une histoire des images*, trad. Pierre St Jean, Paris, Solar, 2017 [2016].

Hollands, Clive, « Trivial and questionable research on animals », *in* Gill Langley (éd.), *Animal Experimentation : The Consensus Changes*, Londres, Macmillan, 1989, p. 118-143.

Horváth, Gábor, Ádám Pereszlényi, Susanne Åkesson & Kriska György, « Striped bodypainting protects against horseflies », *Royal Society Open Science*, vol. 6, n° 1, 2019.

Hoving, Henk-Jan, Fernando Fernández-Álvarez, Elan Portner & William Gilly, « Same-sex sexual behaviour in an oceanic ommastrephid squid, *Dosidicus gigas* (Humboldt squid) », *Marine Biology*, vol. 166, n° 3, 2019.

Hustak, Carla & Natasha Myers, *Le Ravissement de Darwin. Le langage des plantes*, trad. Philippe Pignarre, Paris, La Découverte, 2020 [2012].

Jacobson, Samuel, Keith Franklin, Ian McDonald, « Visual acuity of the cat », *Vision Research*, vol. 16, n° 10, 1976, p. 1141-1143.

Jenkins, Steve, *Les Yeux dans les yeux*, Paris, Circonflexe, 2014.

Jevbratt, Lisa, « With the eyes of another », *Antennae. The Journal of Nature in Visual Culture*, n° 21, 2012, p. 77-92.

Jonas, Hans, « The nobility of sight », *Philosophy and Phenomenological Research*, vol. 14, n° 4, 1954, p. 507-519.

Keller, Evelyn F. & Christine Grontkowski, « The mind's eye », *in* Sandra Harding & Merrill Hintikka (éd.), *Discovering Reality : Feminist Perspectives on Epistemology, Metaphysics, Methodology, and Philosophy of Science*, Dordrecht, Springer, 2003, p. 207-224.

King, Ross, *Brunelleschi's Dome : How a Renaissance Genius Reinvented Architecture*, New York, Bloomsbury, 2013.

Köchy, Kristian, « Uexküll's legacy : biological reception and biophilosophical impact », *in* Francesca Michelini & Kristian Köchy (éd.), *Jakob von Uexküll and Philosophy : Life, Environments, Anthropology*, New York, Routledge, 2020, p. 52-69.

Kojima, Tomoki, Kazato Oishi, Yasushi Matsubara, *et al.*, « Cows painted with zebra-like painting can avoid biting fly attacks », *PlosOne* [en ligne], vol. 14, n° 10, 2019.

König, Gert, « Perspektive, Perspektivismus, perspektivisch », *in* Joachim Ritter, *et al.* (éd.), *Historisches Wörterbuch der Philosophie*, vol. 7, Darmstadt, Wissenschaftliche Buchgesellschaft, 1971-1989, p. 362-375.

Kooyman, Gerald, « Animal-borne instrumentation systems and the animals that bear them : then (1939) and now (2007) », *Marine Technology Society Journal,* vol. 41, n° 4, 2007, p. 6-8.

Kull, Kalevi, « Jakob von Uexküll : an introduction », *Semiotica*, n° 134, 2001, p. 1-59.

Kynast, Katja, « Kinematografie als Medium der Umweltforschung Jakob von Uexkülls », Kunsttexte.de, n° 4, 2010.

Lacan, Jacques, *Les Quatre Concepts fondamentaux de la psychanalyse*, Paris, Seuil, 1973.

Lahti, David, « The limits of artificial stimuli in behavioral research : the Umwelt gamble », *Ethology*, vol. 121, n° 6, 2015, p. 529-537.

Laoureux, Sébastien & Laurent Van Eynde, *Soy Cuba de Mikhaïl Kalatozov*, Lyon, Presses universitaire de Lyon, 2024.

Lapoujade, David, *Les Existences moindres*, Paris, Minuit, 2017.

Latour, Bruno, *Où atterrir? Comment s'orienter en politique*, Paris, La Découverte, 2017.

Latour, Bruno, *Enquête sur les modes d'existence. Une anthropologie des Modernes*, Paris, La Découverte, 2012.

Leibniz, Gottfried W., *Essai de théodicée*, Paris, Flammarion, 1991 [1710].

Leiter, Brian, « Perspectivism in Nietzsche's *Genealogy of Morals* », *in* Richard Schacht (éd.), *Nietzsche, Genealogy, Morality: Essays on Nietzsche's On the Genealogy of Morals*, Berkeley, University of California Press, 1994, p. 334-359.

Lenaerts, Marc, « Ontologie animique, ethnosciences et universalisme cognitif. Le regard ashéninka », *L'Homme*, n° 179, 2006, p. 113-139.

Lenain, Thierry & Rudy Steinmetz (éd.), *Cadre, seuil, limite. La question de la frontière dans la théorie de l'art*, Bruxelles, La Lettre volée, 2011.

Lestel, Dominique, *Paroles de singes*, Paris, La Découverte, 1995.

Loo, Stephen & Undine Sellbach, « A picture book of invisible worlds: semblances of insects and humans in Jakob von Uexküll's laboratory », *Angelaki*, vol. 18, n° 1, 2013, p. 45-64.

Manetti, Antonio, « Vie de Filippo Brunelleschi » [v. 1470], trad. Claude Lauriol, *in Filippo Brunelleschi, 1377-1446. Sa vie, son œuvre par Antonio Manetti et Giorgio Vasari*, Paris, École nationale supérieure des Beaux-Arts, 1985, p. 57-106.

Marshall, Greg, « Crittercam: an animal-borne imaging and data logging system », *Marine Technology Society Journal*, vol. 32, n° 1, 1998, p. 11-17.

Martin, Paul & Tim Caro, « On the functions of play and its role in behavioral development », *Advances in the Study of Behavior*, vol. 15, 1985, p. 59-103.

Mary, Catherine, « Guillaume Duprat, collectionneur de mondes », *Le Monde*, 24 mars 2014.

Mavhunga, Clapperton C., *The Mobile Workshop : The Tsetse Fly and African Knowledge Production*, Cambridge, MIT Press, 2018.

Melin, Amanda, Donald Kline, Chihiro Hiramatsu & Tim Caro, « Zebra stripes through the eyes of their predators, zebras, and humans », *PlosOne*, vol. 11, n° 3, 2016.

Melin, Amanda, Donald Kline, Catherine Hickey & Linda Fedigan, « Food search through the eyes of a monkey : a functional substitution approach for assessing the ecology of primate color vision », *Vision Research*, vol. 86, 2013, p. 87-96.

Melin, Amanda, Linda Fedigan, Chihiro Hiramatsu, Shoji Kawamura, « Polymorphic color vision in white-faced capuchins (Cebus capucinus) : Is there foraging niche divergence among phenotypes? », *Behavioral Ecology and Sociobiology*, vol. 62, n° 5, 2008, p. 659- 670.

Miller, Paul & Christopher Murphy, « Vision in dogs », *Journal of the American Veterinary Medical Association*, vol. 207, n° 12, 1995, p. 1623-1634.

Moll, Remington, Joshua Millspaugh, Jeff Beringer, Joel Sartwell, Zhihai He, « A new "view" of ecology and conservation through animal-borne video systems », *Trends in Ecology & Evolution*, vol. 22, n° 12, 2007, p. 660-668.

Montebello, Pierre, « Le perspectivisme immanentiste », *in* Camille Chamois & Didier Debaise (éd.), *Perspectivismes métaphysiques*, Paris, Vrin, 2023, p. 33-46.

Morizot, Baptiste, *Raviver les braises du vivant*, Arles, Actes Sud/Wild Project, 2020.

Morizot, Baptiste, *Sur la piste animale*, Arles, Actes Sud, 2018.

Mulder, Monique Borgerhoff & Tim Caro, « The use of quantitative observational techniques in anthropology », *Current Anthropology*, vol. 26, n° 3, 1985, p. 323-335.

National Geographic, *Crittercam : Bubbleneck Humpacks*, 2005, vidéo disponible sur Youtube.

Nead, Lynda, *The Female Nude : Art, Obscenity and Sexuality*, New York, Routledge, 1992.

Nietzsche, Friedrich, *Généalogie de la morale*, trad. Éric Blondel, Ole Hansen-Love, Theo Leydenbach & Pierre Pénisson, Paris, Flammarion, 1996 (autres traductions consultées : Isabelle Hildenbrand & Jean Gratien, Paris, Gallimard, 1985 ; Angèle Kremer-Marietti, Paris, 10/18, 1974) [orig. allem., *Zur Genealogie der Moral*, disponible sur <nietzsche-source.org>, 1887].

Palladino, Paolo & Michael Worboys, « Science and imperialism », *Isis*, vol. 84, n° 1, 1993, p. 91-102.

Panofsky, Erwin, *La Perspective comme forme symbolique*, trad. Guy Ballangé, Paris, Minuit, 1992 [1927].

Pieron, Julien, « Présent épais et communs latents temporels », *Lectures anthropologiques*, n° 7, 2020.

Platon, *Phèdre*, trad. Luc Brisson, *in Œuvres complètes*, Paris, Flammarion, 2021.

Platon, *Sophiste*, trad. Nestor Cordero, *in Œuvres complètes*, Paris, Flammarion, 2021.

Poe, Edgar, « La lettre volée », trad. Charles Baudelaire, *Histoires extraordinaires*, Paris, Michel Lévy, 1869 [1846].

Pollmann, Inga, *Cinematic Vitalism; Film Theory and the Question of Life*, Amsterdam, Amsterdam University Press, 2018.

Pollmann, Inga, « Invisible worlds, visible : Uexküll's *Umwelt*, film, and film theory », *Critical Inquiry*, vol. 39, n° 4, 2013, p. 777-816.

Preston, John, « Paul Feyerabend », *Stanford Encyclopedia of Philosophy*, 2020.

Proops, Leanne, Karen McComb & David Reby, « Cross-modal individual recognition in domestic horses (*Equus caballus*) », *PNAS (Proceedings of the National Academy of Sciences of the U.S.A.)*, vol. 106, n° 3, 2009, p. 947-951.

Richards, Evelleen, *Darwin and the Making of Sexual Selection*, Chicago, University of Chicago Press, 2017.

Rippinger, Julien, « La projection intégrée au Sketchpad III : origine en devenir d'un terrain critique de l'infographie », *SHS Web of Conferences*, vol. 82, n. p., 2020.

Rival, Laura, « Encountering nature through fieldwork : expert knowledge, modes of reasoning, and local creativity », *Journal of the Royal Anthropological Institute*, vol. 20, n° 2, 2014, p. 218-236.

Roosevelt, Theodore, « Revealing and concealing colorations in birds and mammals », *Bulletin of the American Museum of Natural History*, vol. 30, 1911, p. 119-231.

Ruxton, Graeme, « The possible fitness benefits of striped coat coloration for zebra », *Mammal Review*, vol. 32, n° 4, 2002, p. 237-244.

Sage, John, « Fourteenth congress of the American Ornithologists' Union », *The Auk*, vol. 14, n° 1, 1897, p. 82-86.

Saito, Atsuko, *et al.*, « Demonstration of a genotype–phenotype correlation in the polymorphic color vision of a non-callitrichine New World monkey, capuchin (*Cebus apella*) », *American Journal of Primatology*, vol. 67, n° 4, 2005, p. 471-785.

Saussure, Ferdinand (de), *Cours de linguistique générale*, Paris, Payot, 1916.

Schechner, Sara, « Between knowing and doing : Mirrors and their imperfections in the Renaissance », *Early science and medicine*, vol. 10, n° 2, 2005, p. 137-162.

Schönland, Selmar, « The zebra's stripes », *Nature*, vol. 46, n° 1175, 1892, p. 6-7.

Scott-Samuel, Nicholas, Roland Baddeley, Chloe Palmer & Ines Cuthill, « Dazzle camouflage affects speed perception », *PlosOne*, vol. 6, n° 6, 2011.

Sebeok, Thomas, *I Think I Am a Verb : More Contributions to the Doctrine of Signs*, Boston, Springer, 1986.

Serres, Michel, *Darwin, Bonaparte et le Samaritain. Une philosophie de l'histoire*, Paris, Le Pommier, 2016.

Serres, Michel, *Écrivains, savants et philosophes font le tour du monde*, Paris, Le Pommier, 2009.

Shell, Hanna Rose, *Ni vu ni connu*, trad. Jean-François Caro, Bruxelles, Zones sensibles, 2014 [2012].

Sinclair, Sandra, *How Animals See : Other Visions of Our World*, New York, Facts on File, 1985.

Smith, Justin E. H. (éd.), *Embodiment*, Oxford, Oxford University Press, 2017.

Smith, Justin E. H., *The Philosopher : A History in Six Types*, Princeton, Princeton University Press, 2016.

Smythe, R. H., *Animal Vision : How the World Looks through Animal Eyes*, Springfield, Charles Thomas, 1961.

Steadman, Philip, *Vermeer's Camera : Uncovering the Truth behind the Masterpieces*, Oxford, Oxford University Press, 2002.

Stella, Marco & Karel Kleisner, « Uexküllian *Umwelt* as science and as ideology : the light and the dark side of a concept », *Theory in Biosciences*, vol. 129, n° 1, 2010, p. 39-51.

Stengers, Isabelle, *Au temps des catastrophes. Résister à la barbarie qui vient*, Paris, La Découverte, 2009.

Stevens, Martin, Tom Searle, Jenny Seymour, Kate Marshall & Graeme Ruxton, « Motion dazzle and camouflage as distinct anti-predator defenses », *BMC Biology*, vol. 9, 2011.

Stevens, Martin, Daniella Yule & Graeme Ruxton, « Dazzle coloration and prey movement », *Proceedings of the Royal Society of London B : Biological Sciences*, vol. 275, n° 1651, 2008, p. 2639-2643.

Stevens, Martin, « Predator perception and the interrelation between different forms of protective coloration », *Proceedings of the Royal Society of London B : Biological Sciences*, vol. 274, n° 1617, 2007, p. 1457-1464.

Stoddard, Mary, Audrey Miller, Harold Eyster & Derya Akkaynak, « I see your false colours : how artificial stimuli appear to different animal viewers », *Interface Focus*, vol. 9, n° 1, 2019.

Stork, David, Jacob Collins, Marco Duarte, Yasuo Furuichi, Dave Kale, Ashutosh Kulkarni, Dirk Robinson, Sara Schechner, Christopher Tyler, Nicholas Williams, « Did Early Renaissance painters trace optically projected images? The conclusion of independent scientists, art historians, and artists », *in* Filippo Stanco, Sebastiano Battiato & Giovanni Gallo (éd.), *Digital Imaging for Cultural Heritage Preservation*, Boca Raton, CRC Press, 2011, p. 215-242.

Thayer, Abbott, « Concealing coloration, an answer to Theodore Roosevelt », *Bulletin of the American Museum of Natural History*, vol. 31, 1912, p. 313-321.

Thayer, Abbott, « Introduction », *in* Gerald Thayer, *Concealing Coloration in the Animal Kingdom*, New York, Macmillan, 1909, p. 3-12.

Thayer, Abbott « The law which underlies protective coloration », *Nature*, vol. 65, n° 1695, 1902.

Thayer, Abbott, « The law which underlies protective coloration », *The Auk*, vol. 13, n° 2, 1896, p. 124-129.

Thayer, Gerald, *Concealing Coloration in the Animal Kingdom*, New York, Macmillan, 1909.

Tsuji, Shigeru, « Brunelleschi and the camera obscura : the discovery of pictorial perspective », *Art History*, vol. 13, n° 3, 1990, p. 276-292.

Uexküll, Jakob (von), *Milieu animal et milieu humain*, ill. Georg Kriszat, trad. Charles Martin-Freville, Paris, Rivages, 2010 [1934].

Uexküll, Jakob (von), « La théorie de la signification », *in Mondes animaux et monde humain*, trad. Philippe Muller, Paris, Gonthier, 1965 [1940], p. 91-173.

Uexküll, Jakob (von), *Theoretische Biologie*, Berlin, Springer, 1920.

Vasari, Giorgio, « Vie de Filippo Brunelleschi », trad. Claude Lauriol, *Filippo Brunelleschi, 1377-1446. Sa vie, son œuvre par Antonio Manetti et Giorgio Vasari*, Paris, École nationale supérieure des Beaux-Arts, 1985 [1568], p. 152-163.

Viveiros de Castro, Eduardo, « Les pronoms cosmologiques et le perspectivisme amérindien », trad. Ilda dos Santos, *in* Éric Alliez (éd.), *Gilles Deleuze. Une vie philosophique*, Paris, Synthélabo, 1998, p. 429-462.

Vorobyev, Misha, Andreas Gumbert, Jan Kunze, Martin Giurfa & Randolf Menzel, « Flowers through insect eyes », *Israel Journal of Plant Sciences*, vol. 45, n° 2-3, 1997, p. 93-101.

Waage, Jeffrey, « How the zebra got its stripes : biting flies as selective agents in the evolution of zebra coloration », *Journal of Entomological Society of Southern Africa*, vol. 44, n° 2, 1981, p. 351-358.

Waage, Jeffrey, « The evolution of insect/vertebrate associations », *Biological Journal of the Linnean Society*, vol. 12, n° 3, 1979, p. 187-224.

Wallace, Charles, *Le Darwinisme. Exposé de la théorie de la sélection naturelle avec quelques-unes de ses applications*, trad. Henry de Varigny, Paris, Lecrosnier et Babé, 1891 [1889].

Wallace, Charles, « The colour sense : its origin and development », *Nature*, vol. 19, n° 492, 1879, p. 501-505.

Wootton, David, *The Invention of Science : A New History of the Scientific Revolution*, Londres, Penguin, 2015.

Wright, Randall, *David Hockney : Secret Knowledge*, film documentaire, 75 min., BBC, 2002.

Yong, Ed, *Un monde immense*, Paris, Les Liens qui Libèrent, 2024 [2022].

Remerciements

Qui a vu le zèbre? est en grande partie extrait de ma thèse de doctorat, intitulée *Le Bestiaire de Brunelleschi*, défendue à l'université de Liège en septembre 2022. Un grand nombre de proches, de collègues et d'amis m'ont soutenu de diverses manières durant la réalisation de cette thèse. Didier Debaise, Emmanuel Grimaud, Maud Hagelstein, Julien Pieron, Lucienne Strivay ont lu ma thèse avec attention et générosité; ils m'ont en outre offert des commentaires riches et détaillés que j'ai tenté de prendre en compte au moment de rédiger le livre.

Que soient aussi remerciés Laurence Bouquiaux, Olivier Dubouclez, Thierry Drumm, Jérôme Flas, Marie Kill qui acceptèrent de lire des parties de la thèse à l'état encore embryonnaire et dont les recommandations m'ont permis d'avancer et de préciser certains points. Je remercie également cordialement mes collègues à l'université de Liège avec qui j'ai tant appris – et tant ri –, notamment Laura Aristizabal, Thomas Beyer, Florence Caeymaex, Grégory Cormann, Noëlle Delbrassine, Arthur Dony, Simon Fortier, Marc-Antoine Gavray, Carl Havelange, Anne Herla, Mathieu Hubert, Pablo Luca, Bruno Leclercq, Denis Seron, Amandine Servais (à l'origine de ma rencontre avec Carl), Delphine Vanneste. Je remercie de même les philosophes et anthropologues de Bruxelles: Olivia Ange, David Berliner,

Camille Chamois, Valérie Glansdorff, Quentin Hiernaux, Arnaud Pelletier, Pierre Petit, Isabelle Stengers. Enfin, je ne voudrais pas oublier de saluer amicalement Ariane D'Hoop, François Thoreau, Julien Rippinger, Jérémy Grosman, Roxane Gabet et tout le collectif du P3G. Un mot de remerciement aussi pour Maria Aguirre Ordoñez pour son aide en matière d'illustrations et Sjems Ouassale qui a tenté de me maintenir en forme.

D'autres encore m'ont assisté dans le processus de transformation de ma thèse en livre : Henri Trubert qui m'a accordé sa confiance et qui m'a permis d'alléger le manuscrit de nombreuses lourdeurs universitaires ; Sarah Houben à qui je n'ai pas permis de lire la thèse afin qu'elle garde des yeux neufs pour le livre ; mon père qui a voulu relire une fois encore mon travail ; Elsa Maury qui devine toutes les hésitations que masque l'écriture ; Sébastien Laoureux, Nicolas Monseu, Laura Rizzerio, qui m'ont offert, à Namur, un nouvel espace pour finaliser mon manuscrit.

Je remercie encore tout particulièrement et de tout cœur Vinciane pour toutes ces années à l'université durant lesquelles elle fut une directrice comme on ne peut qu'en rêver. Je la remercie également pour la trop généreuse préface qu'elle a accepté d'écrire, mais aussi pour ses précieux conseils et puis, tout simplement, pour son sourire.

Durant toutes ces années, j'ai aussi profité de la présence de Diego qui m'accompagne partout avec ses fous rires et ses questions, plus récemment, de Lucía qui m'offre chaque jour, une petite victoire, un moment de joie, et surtout de Cinthia qui a transformé ma thèse en *piñata* – qui remplit ma vie de couleurs.

Crédits et légendes des illustrations

1. **Zèbre vu par un humain (a), un conspécifique (b), un lion (c) et une hyène (d).** Melin *et al.*, « Zebra stripes through the eyes of their predators, zebras, and humans », *PlosOne*, 2016, p. 10.

2. **Reproduction partielle de la *tavoletta* de Brunelleschi.** Peinture sur bois réalisée par Maria Aguirre. Avec l'aimable autorisation de la créatrice.

3. **Schéma explicatif de l'expérience de Brunelleschi.** Schéma réalisé par Maria Aguirre. Avec l'aimable autorisation de la créatrice.

4. **Dürer, « L'homme dessinant une femme nue ».** Estampe servant d'illustration à *Unterweysung der Messung*, Nuremberg, 1525.

5. **Modèles de proie (au-dessus) et de fond (en-dessous) comme ceux utilisés dans l'expérience de Stevens** et al. D'après Stevens *et al.*, « Dazzle coloration and prey movement », *Proceeding of the Royal Society of London B*, 2008.

6. **Schéma expliquant l'ombre inversée.** Thayer, « The Law Which Underlies Protective Coloration », *The Auk*, 1896, p. 125.

7. **Modèles de canards, l'un visible (à gauche), l'autre invisible (à droite) grâce à l'ombre inversée.** Thayer (G.), *Concealing-Coloration in the Animal Kingdom*, 1909, fig. 4.

8. **Pochoirs en forme de mouffette.** Thayer, « Camouflage », *The scientific monthly*, vol. 7, num. 6, 1918, p. 182.

9. **Thayer & Meryman, *Peacock in the Woods*.** Huile sur toile servant à illustrer le livre *Concealing Coloration in the Animal Kingdom*, 1907, 114.9 x 92,4 cm., Smithsonian American Art Museum, 1950.2.11.

10. **Chevreuil empaillé vu depuis le bas.** Thayer (G.), *Concealing-Coloration in the Animal Kingdom*, 1909, fig. 110.

11. **Modèles de zèbre et d'âne vus de la hauteur des yeux humains.** Thayer, « Concealing coloration », *Bulletin of the American Museum of Natural History*, 1912, p. 317.

12. **Modèles de zèbre et d'âne vus depuis le bas.** Thayer, « Concealing coloration », *Bulletin of the American Museum of Natural History*, 1912, p. 319.

13. **Photographie de figues rouges du Costa Rica, sans traitement (a), en renforçant le rouge et le jaune (b), en simulant la dichromatopsie (c) et en simulant l'achromatopsie (d).** Melin *et al.*, « Food search through the eyes of a monkey », *Vision research*, vol. 86, 2013, p. 90. Avec l'aimable autorisation de la première autrice.

14. **Quatre perspectives sur une même table vue à 20 cm (a), à 53 cm (b), 86 cm (c) et à 167 cm (d) au-dessus du sol.** Byosiere *et al.*, « What do dogs (*Canis familiaris*) see ? », *Psychonomic bulletin and review*, vol. 25, num. 5, p. 1908, 2018.

15. **Jardin vu par un humain.** Duprat, *Zooptique*, page intérieure, 2014.

16. **Une rue de village vue par un humain (au-dessus à gauche), filtrée avec une grille (au-dessus à droite), vue par une mouche (en-dessous à gauche) et par un mollusque (en-dessous à droite).** Uexküll, *Streifzüge durch die Umwelten von Tieren und Menschen*, Berlin, 1934, pp. 22-25.

17. **Huth, Une chambre vue par un humain (à gauche), un chien (au centre) et une mouche (à droite).** Uexküll, *Streifzüge durch die Umwelten von Tieren und Menschen*, Berlin, 1934, pp. 56-58.

18. **Un lustre vu par un humain (au-dessus) et une mouche (en-dessous).** Uexküll, *Streifzüge durch die Umwelten von Tieren und Menschen*, Berlin, 1934, pp. 28-29.

19. **Uexküll, chronophotographie d'une étoile de mer.** In Pollman, *Cinematic vitalism*, Amsterdam, p. 120, fig. 2.6, 2018.

20. **L'environnement (à gauche) et le milieu (à droite) d'une abeille.** Uexküll, *Streifzüge durch die Umwelten von Tieren und Menschen*, Berlin, 1934, pp. 46.

21. **L'environnement (à gauche) et le milieu (à droite) d'un protozooaire.** Uexküll, *Streifzüge durch die Umwelten von Tieren und Menschen*, Berlin, 1934, pp. 34.

22. **L'environnement (à gauche) et le milieu (à droite) de l'oursin.** Uexküll, *Streifzüge durch die Umwelten von Tieren und Menschen*, Berlin, 1934, pp. 39.

23. **L'environnement (à gauche) et le milieu (à droite) de la coquille saint-Jacques.** Uexküll, *Streifzüge durch die Umwelten von Tieren und Menschen*, Berlin, 1934, pp. 42.

24. **Dessins d'un arbre et d'un cheval rapportés à leurs noms latins.** Saussure, *Cours de linguistique générale*, Paris, Payot, p. 96, 1916.

25. **Une fenêtre photographiée à travers la lentille d'une mouche.** Exner, *Die Physiologie der facettirten Augen von Krebsen und Insecten*, planche placée avant la page de garde, Leipzig, Franz Deuticke, 1890.

26. **Une rose vue par vingt espèces d'observateurs.** Adapté de Jevbratt, Zoomorph, blog, 6 mai 2010, <http://128.111.69.4/~jevbratt/zoomorph_blog/2010/05/finally-a-functioning-dichromat-algorithm.html> (accès 6 septembre 2023).

27. **Deux espèces de crevettes nettoyeuses vues par un humain (à gauche) et par un conspécifique (à droite).** Caves *et al.*, « Von uexküll revisited », *Integrative and comparative biology*, vol. 59, num. 6, 2019, p. 1455, fig. 3a.

28. **Extrait de l'épisode sur les baleines à bosses des *Crittercam Chronicles*.** National Geographics, *Crittercam Chronicles : Bubblenet Humpbacks*, 2005.

29. **Échographie.** De Meyer, Archive familiale.

30. **Basculement de la caméra objective à la caméra subjective.** Wikipédia, « Caméra subjective », consulté le 6 septembre 2023.

31. **Exemple de caméra semi-subjective.** Extrait de *Soy Cuba*, un film de Mikhail Kalatozov, 1964.

32. **Tache de Rorschach.** Rorschach, *Psychodiagnostik*, 1921.

33. **Bosse, *Les prospecteurs.*** *Manière universelle de M. Desargues pour pratiquer la perspective*, p. 60 (planche 2), Paris, 1647.

34. **Animaux dans des bulles de savon.** Duprat, *Zooptique*, page de garde de chapitre sur les « Reptiles, amphibiens, annélides et gastropodes », Paris, Seuil, 2014.

35. **Chariot utilisé dans les expériences de Waage.** Waage, « How the zebra got its stripes », *Journal of Entomological Society of Southern Africa*, vol. 44, num. 2, p. 354, fig. 1, 1981.

36. **Tim Caro déguisé en zèbre.** Caro, *Zebra stripes*, planche 5.5a, 2017. Avec l'aimable autorisation de l'auteur.

37. **Une vache peinte en zèbre.** Kojima *et al.*, « Cows painted with zebra-like painting can avoid biting fly attacks », *PlosOne*, vol. 14, num. 10, fig. 1a, 2019.

38. **Dessin ethnographique d'une figurine koryak.** Jochelson, *The Koryak*, p. 658, ill. 157c (retouché pour la clarté de l'image).

39. **Crayons avec des symboles collés dessus pour indiquer leurs couleurs.** De Meyer, archive familiale.

Table

Composition : In folio

Achevé d'imprimer en mars 2024 par l'imprimerie
Normandie Roto Impression s.a.s à Lonrai
Dépôt légal : avril 2024
N° impr : 2401474
Imprimé en France